别墅庭园意趣 1

Charm Of Villa Courtyards 1

北京吉典博图文化传播有限公司 编
海峡出版发行集团 | 福建科学技术出版社

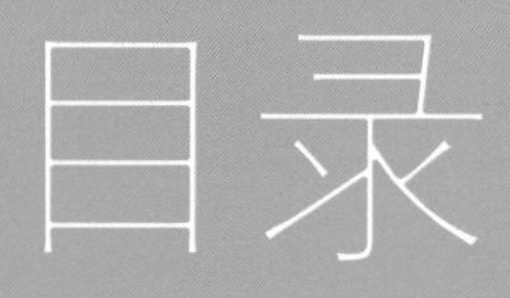

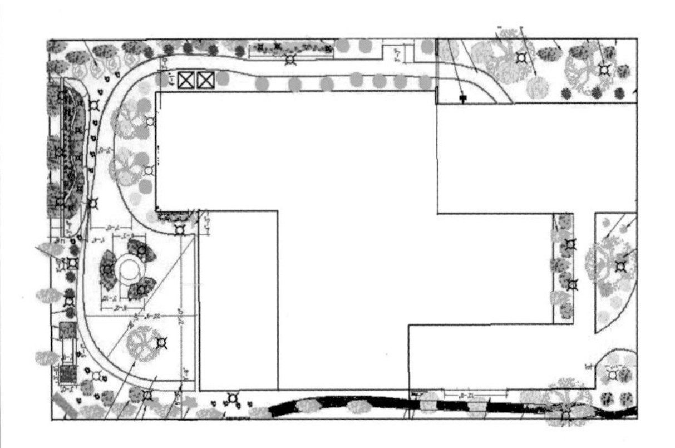

花繁叶茂，视觉与嗅觉的盛宴

国外设计师在设计庭园时，往往会更倾向于花园式的设计（除了位于屋顶的露台，因为其上确实很难种更多的植物）；而国内的庭园设计总是会做出更多更复杂的硬质景观，如外形复杂的小品，各种样式的廊架、花架、茶座，还有各种细碎的分区布置，可以称之为过度的设计。

项目名称：露丝的花园
设计公司：四季园林设计有限公司

项目地点：美国 亚利桑那州
完成时间：2010 年
庭园面积：350m²

庭园中，茂密的植物，层次分明的绿树、鲜花，确实能给人更多的放松感。相较于一处复杂的亭、台、花架景观庭园，生活在喧嚣都市的人们往往更向往百花环绕、绿树成阴的后花园。这样一个随意、自由的空间，在满足了基本的使用功能之后，给予人们的就是视觉、嗅觉以及精神上的享受了。

庭园虽无过多的构筑景观，但怒放的花朵与奇异的植物已经让人目不暇接了；百花的绽放亦少不了主人平时辛勤的打理，这可能便是国内外庭园景观的差异所在。庭园中，并未对各区域空间加以限定，处处鲜花绿树，主人可随意地选择庭园的任何一处来享受这份美丽。

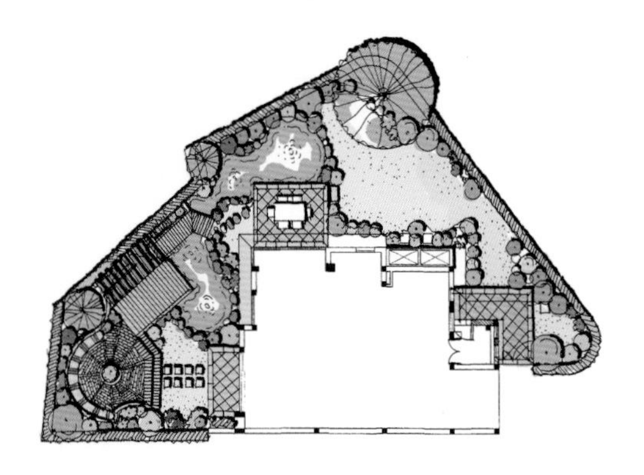

庭园是家居生活在户外的延伸

庭园的地形是一个不规则的三角形，这是我们几乎没有遇到过的情况，处理不好的话，效果会相当糟糕，因而在方案规划上我们殚精竭虑，遭遇到前所未有的挑战。

“庭园是家居生活在户外的延伸”是我们一贯的设计理念。我们从室内功能着手，把室内客厅和餐厅分别延伸出去划分为户外客厅、餐厅，很快就形成了方案的雏形。水景当然是少不了的，我们用一个流线型的自然式池塘有机连接了两个功能区，就形成了如图的方案。

项目名称：花语墅
设计公司：上海热枋（HOTHOUSE）花园设计有限公司

项目地点 ：中国 上海
完成时间 ：2011 年
庭园面积 ：300㎡

庭园里有户外客厅和户外餐厅两个主要空间，通过设置有高差的水景和木桥将两者连接起来。

这个庭园的设计主题是通过不同的设计手法来实现的：运用柔美的曲线造型来突出浪漫的空间氛围，通过这些曲线弱化庭园原始的不规则形状给人的零散感；在总体规划中采用了自由曲线造型的水景作为主体，增加空间的灵动感，优美的曲线呈现的浪漫感受与设计主题相呼应，在庭园的角落中采用的弧形矮墙与曲线造型相呼应，突出了造型的整体感；在庭园中不同功能区的休息平台通过温暖的木色来统一，庭园空间显得细腻而富于变化。通过这些设计手法，庭园总体给人亲切、舒适的感受。

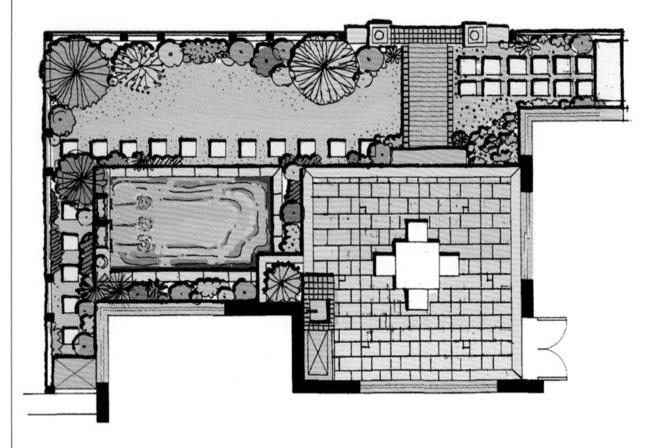

色彩明亮，处处弥漫着生活的气息

这座 50 多平方米的入户花园是一个改造项目，位于上海市闵行区七宝镇的万科朗润园。业主丹妮是位知性优雅的女士，她非常热爱园艺，业余时间里她最大的爱好就是收集各种奇花异草，说到园艺植物，她如数家珍，足以令我们很多园艺同行汗颜。

项目名称：万科朗润园
设计公司：上海热枋（HOTHOUSE）花园设计有限公司

项目地点 ：中国 上海
完成时间 ：2009 年
庭园面积 ：$50m^2$

一开始建造的花园，是丹妮和先生辛勤劳作
[illegible]半个月的结晶，自己砌花坛，挖水池，堆假
山，种竹子，还从各地搜刮来许多宝贝。在相
当长的一段时间里，丹妮家的花园都是朗润园
里最耀眼的明星，很多邻居常常驻足花园门前，
啧啧赞叹，这也让她对园艺的热情越来越高。

终于有一天，丹妮下决心要把自己的花园彻
头彻尾地翻新一次，因为她看到了更好、更美的花园范本。一个偶然的机会，她去“同润加州”一位朋友家做客，她惊叹于朋友家这种现代简洁花
园的美丽。由于从小受到的传统教育在她心中烙下的印记太深，她一直认为，花园就应该像苏州园林那样，水池假山，竹林环绕，铺满卵石的小路，
[illegible]瓦红柱的亭子……而朋友家的花园，色彩明亮，处处弥漫着浓郁的生活气息。丹妮被看到的景象打动了，迫不及待地跟朋友索取到我们的电话。

第二天，她就与我们的设计师见面了。丹妮很擅长表达，滔滔不绝地描述她理想中的花园的样子。设计师很快就领会了她的意图，一边交谈，一边在草图纸上迅速地勾画方案，很快几个各具特色又富有创意的方案出炉了。最后丹妮在设计师的建议下，选择了后来实施的这套方案，方案由水池、水景墙、活动平台（户外客厅）、烧烤操作台（户外厨房）、围栏及储物箱等组成。水池位置的布局让我们煞费了一番苦心，水池同时兼顾了来自花园入口、活动平台以及主卧室这三条观景视线，水池刚好处在三条视线的交汇处，水景墙和活动平台都采用了清新自然而且质朴的青锈石板，中间用 100 毫米 ×100 毫米的彩色釉面砖作点缀，打破大片青灰石材的沉闷感。

围栏的设计也很有特色，丹妮说她从来没有见过这样的围栏。常见的围栏形式都是竖向的木条连成片，顶部做成圆形的，毫无新意，而且也并不美观。设计师打破常规，把木条横过来，而且采用密拼的形式，旨在挡住花园外围的公共绿化带，公共绿化带因为保养不善而显得杂乱无章，一些枯死的植物没有得到及时的清理让人感到不悦，新建的围栏把这些不雅的场景全部挡在了花园外面。

花园终于在冬日里一个温暖的午后顺利竣工了。看着眼前美妙的景象，丹妮非常开心，热情地邀请设计师一起合影留念。设计师自此也成为她家的常客。

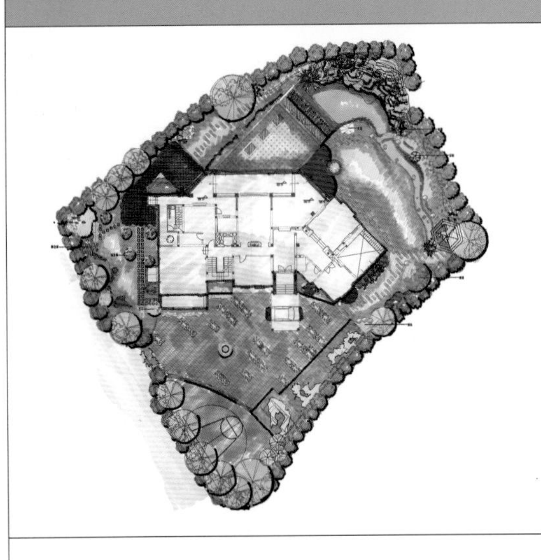

不同的装饰元素之间自然地衔接与过渡

这是一个独栋别墅的庭园，别墅建筑呈现了新古典的风格特征，典雅而大气；庭园的设计也突出了建筑的主要个性特征，并体现简约、明快及温馨的生活氛围。

项目名称：月湖山庄假山水景
设计公司：上海淘景园艺设计有限公司

项目地点：中国 上海
完成时间：2011 年
庭园面积：800㎡

该庭园的主要设计特点如下：

1. 以简约、大气的表现手法承托庭园入户区
的空间气势。

2. 大面积的草坪、跌水造景、活动空间等构
成庭园主要视觉元素，并以此来表现多变的庭
园空间层次。

3. 庭园的空间层次主要通过植物的疏密搭
配、不同时节植物的色彩变化及简洁的造型来
实现，以植物的造型来突出浪漫、亲切的主题。

4. 运用自然的造景手法塑造的庭园景观气势
恢宏，细节处理细腻而丰富。

庭园的入户区由硬质大理石铺装而成，空间的视野开阔，总体风格与建筑的外立面相协调，统一感强，突出了典雅大气的风格特征。

庭园用大面积的草坪作为建筑主要室外景观空间，考虑了室内外空间之间的相互对应关系，保证了整体空间的大气与简约，以及室内空间视野的开阔感；宽阔而平坦的草坪也为业主欣赏建筑外观提供了驻足的场地，减轻建筑给人形成的压抑感。

庭园内的边界空间采用高低搭配的植物装饰，形成优美的边界轮廓线，丰富了空间的造型。这些处理手法体现了设计师对材质及空间处理的娴熟技艺，使得不同装饰元素之间的衔接与过渡自然而柔和，没有生硬之感。

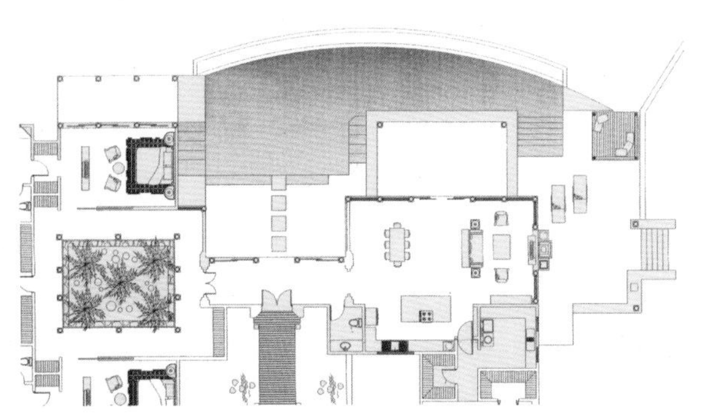

这里是乡村，简朴、优雅，不乏禅意

本案中的建筑具有托斯卡纳风格，褐红色的陶瓷瓦屋顶，高低错落的体量造型，靓丽的建筑表皮色彩，构成了独特的地域风格，尤其是建筑本身坐拥青山的环绕，更增添了本案自然的田园气质。庭园的设计是建筑风采的完美延续，总体上突出建筑空间与庭园空间的轴线关系。在花园小景的设计中，突出院落之间的整体感和变化。

项目名称：鲍莉娜的别墅
设计公司：非液体的水艺术

项目地点：哥斯达黎加
完成时间：2004 年
庭园面积：161m^2

结合场地的形状突出自然的美感，与规则的几何形的泳池形成鲜明的对比。泳池的边界采用规则的西班牙地砖装饰，泳池边上搭建一个防腐木露台成为很好的日光浴场地。泳池的对面设置了一个典型的原生态亭子，作为户外休闲空间，亭子在风格上与场地环境浑然一体。巧妙的户外装饰材质的搭配为本案的庭园细节装饰增添了素材，并在不同区域的边界过渡和变化中起到了关键的作用。

庭园再小我们也可以发挥想象

门是柴扉，路是万径，卵石是河流，石头是闲山，小草是森林，花池是远山，滴水声如天籁般纯净。

入口处的“柴扉”小巧而精致，与木制花廊相连。入得门来，碎石拼铺的小路蜿蜒曲折，一侧是卵石铺地，沿墙布置了景天、萱草、百合、月见草等宿根、地被植物；另一侧是矮麦冬铺地，沿墙设置了树池、花池。

项目名称：西山美墅馆
设计公司：北京率土环艺科技有限公司

项目地点：中国 北京
完成时间：2009 年
庭园面积：150㎡

在转角处的中间位置设置了一个植物岛，两侧的园路把人们引入不同的活动空间，一侧是木铺装平台，设有户外休闲椅和遮阳棚，四周花木葱茏；另一侧，在千层石砌筑的矮墙围拢的空间内，一盏石灯，一个古朴的石槽，一片卵石滩，颇具“枯山水”的意境。

有人说庭园小限制思维，没什么可做的；画纸又有多大呢？我们一样可以看到画家为我们画出无穷的天空和大地，也可以画出无穷的想象空间；庭园再小，我们也可以在这里发挥想象，创造生命，创造生活。

以小见大，精雕细琢

亭、台、桥沿水而设，小巧的水景仿佛一直伴随行者左右，却又让行者一眼难以望到水的尽头，漫步其间，使人产生水景如此绵延悠长之感。

水面与平台相接处，植物配景相当丰富，花、草等植物掩映下的景石、花钵，让水景更富有层次，也让远处的景亭充满情趣。在私密围墙下，本应种植密树遮掩其促狭，偏有假山跌水，水景源头藏于此处，不仅给人惊喜，也给小小的空间赋予了更多的景观意义。

项目名称：芙蓉古城
设计公司：成都绿之艺园林景观工程有限公司
项目地点：中国 成都
完成时间：2010 年
庭园面积：350㎡

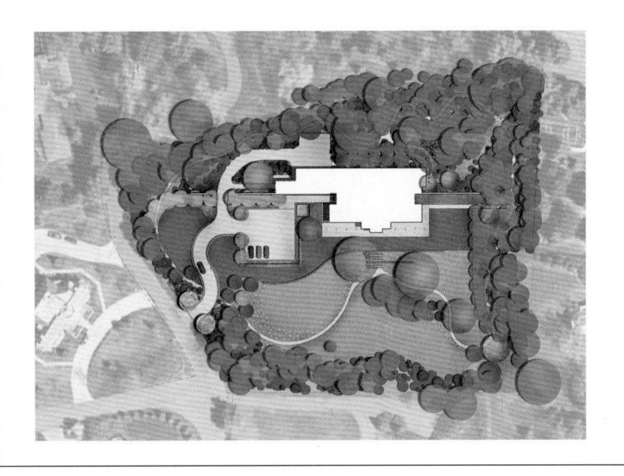

景观与建筑风格的完美融合

白桦树丛环绕着场地的后院和侧院，场地前方的开阔地带覆盖着草坪草，无论从哪个角度看，场地里都具有独一无二的景致。

项目名称：丹佛市某私家庭院
设计公司：查尔斯安德森景观建筑公司
设计师：查尔斯·安德森

项目地点：美国 科罗拉多
完成时间：2008 年
庭园面积：800㎡

在新造的白桦林中，我们保留了瀑布景观的残留部分，这样做既是为展示场地古老的历史，更主要的还是为在场地里的两棵非常古老的齿轮松树提供水源。

设计团队的成员根据各自的经验努力为客户打造一个景观和住房协调一致的项目。通过与客户的密切沟通，我们选定了新住房的地址，并且将景观设计得既富有变化又不失幽默感。景观日益丰富，这显然是一个仍在进行中的设计。这个项目最意味深长的一点是它令人觉得很特别，它看上去比实际面积大很多，而且令人感觉很亲切、很舒适。

柔美的曲线园路增强景观的观赏趣味

别墅区的总体景观和私家庭园的景观，或是因为水景，或是因为相似的曲线水岸，让人感觉到了内外景观的丝丝联系。

项目名称：碧湖别墅
设计公司：珠海翰思景观设计有限公司

项目地点 ： 中国 广东
完成时间 ： 2011 年
庭园面积 ： 250m^2

泳池亦是庭园中的一大景观。在泳池外围沿着围栏密种灌木、乔木和地被植物，增加了私密性，并形成了一片绿荫；在泳池边的平台上放置躺椅、阳伞，虽然只是简单的布置，但在炎热的南方，也宛然成了一处避暑胜地。泳池边上放置着大小各异的景石，看似仿佛从远处滚落于此自然形成的一景，此景很好地引出了在庭园另外一角的景观主题。

泳池远处，掩映在假山花丛中的景亭周边或假山、或跌水、或平桥，让人于亭间驻足时眼底景观美不胜收。

亭边有一组山石，亭后亦留一方异石，异石后以茂密的绿植背景作为映衬，形成良好的对景效果，景观层次显得愈发丰满。大气的景观处理手法，亦不乏对景观细节的营造，让景观更富有生活气息和观赏趣味。

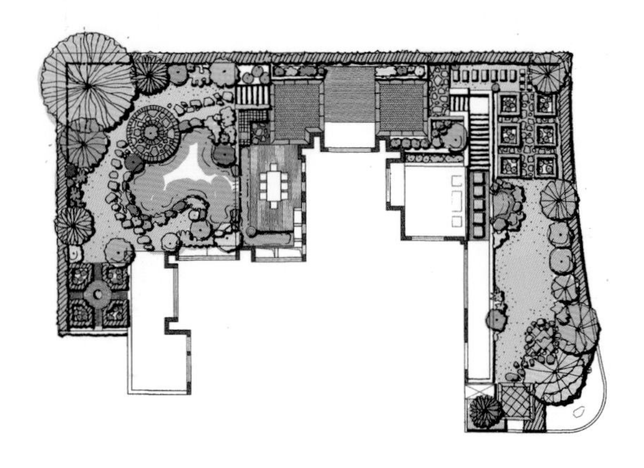

亲水庭园实现临水而居梦

这是一个纯独栋赖特风格的别墅小区，每户平均占地近 1000 平方米。我们这个案子的庭园占地 500 平方米，分为南庭园、北庭园和下沉庭园三大块。

项目名称：观海别墅
设计公司：上海热枋（HOTHOUSE）花园设计有限公司

项目地点：中国 上海
完成时间：2010 年
庭园面积：500㎡

南庭园是家庭的主要户外生活区，业主提出希望即使雨水天气也可以在户外活动，于是我们建议沿建筑架设较大面积的廊架，顶部覆盖夹胶钢化玻璃，再种植爬藤植物，这样既确保不良天气条件下花园依然可以使用， 也保证了夏天活动区的凉爽。还充分利用现有地形高差，规划了一个叠加水池，面向休闲区自然形成一个 1.2 米高的瀑布墙。上水池是一个儿童戏水池，池内立面贴满蓝色马赛克，营造休闲气氛；下水池强调观赏性，池里种满各种水生植物，同时也对水质起到净化作用。

北庭园与下沉庭园是连为一体的。虽然是北庭园，因为是独栋建筑，阳光依然不错，我们建议沿围墙设计一个时尚蔬菜园，可以种植家庭常用的青菜、黄瓜、茄子、香葱等等，这样不仅保证了家庭蔬菜食品的安全，同时也为庭园增添了一道美丽的风景。种植床采用防腐木制作，高约 40 厘米，以保证有足够深厚的土层让果蔬正常生长。

卜沉庭园有一堵3米多高的墙体，止对着业主的书房，而且靠得比较近，显得有些压抑。我们建议将这堵墙体做成流水墙，厚重的墙体因为流水的反光得到适当的虚化，同时清脆的流水声让书房周边的环境显得更加幽静。

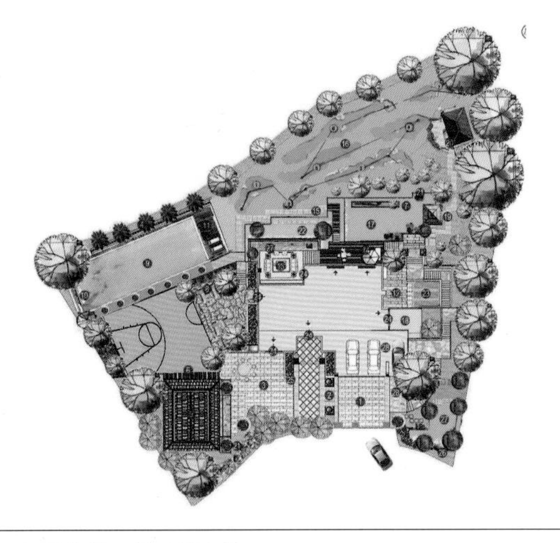

利用庭园场地的高差做硬性景观处理，丰富了视觉空间

本案中的建筑为欧陆偏现代田园风格，庭园设计为了与建筑的风格协调统一，在构图上采用现代的设计手法，后庭园分为动、静两个区域，在空间上也强调了疏密关系及软硬对比，同时也强调功能性。

项目名称：凤凰城 8 号
设计公司：广州・德山德水・景观设计有限公司
广州・森境园林・景观工程有限公司

项目地点 ：中国 广东
完成时间 ：2009 年
庭园面积 ：450㎡

庭园花木的处理力求自然，保持乡村般的纯粹的浑然天成。在树木的高低错落中，在小径与草地的自由穿梭中，在花朵的幽香中，点缀小品，展现平实而浪漫的庭园特点，营造温馨、亲和、纯真且富于生机的私家花园。

别墅通过两个相互连接的庭园为住宅的每个房间提供了精美的视觉享受。这个多功能住宅的泳池与花园是基地山峰陡坡的一个组成部分。水是统一景观设计的重要元素。在基地的环境中水以大气雾、潺潺的小溪以及跌瀑等形式显现于人的视野中，犹如各种艺术形式中描绘的水的形象。唯一保留的本土语言是石头砌筑的挡墙这道本土化的景观。

庭园中采用石灰石建造露台及台阶，体现了自然而大气的风格，形成了开阔而舒展的视觉效果。在色彩上使之与建筑及周边的景观环境融为一体，体现了雅致的情调。户外的餐饮空间被无边界的水池所环绕，形成了柔和的边界和舒缓的空间氛围。

后庭园的设计借鉴了中国传统的造园理念——挖池筑山。运用土方平衡的原理将场地进行了合理的调整，形成了曲线的山体，地形有了起伏变化。精心设计的山中步道将半山亭及户外休闲区有机联系在一起，增添了庭园的别致与神秘感，让人的视野更加开阔。伴随庭园中点缀的野趣主人在不同的场景中停留、休息、欣赏，可获得移步换景的视觉效果。

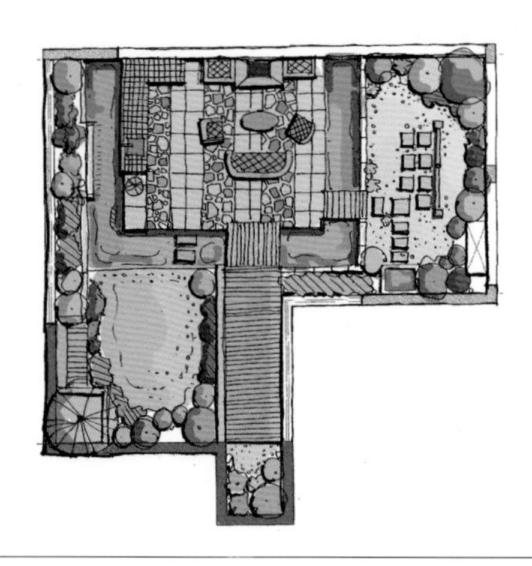

每个人心中都有一个田园梦

这个庭园60多平方米，朝南，南面、东面邻小区道路，西面是邻居，地块形状较为方正，从使用角度来说是非常好的。不足之处是两面邻路，而且围墙较低，隐私保护不够理想。

业主是在嘉定南翔经营木材生意的一位商人。起初经人介绍认识，本来以为像他这么繁忙的商人不会有兴致去管理花园的，接触以后才知道，业主的花园情结还是很深的，可能是小时候在农村生活过的缘故吧，借用他自己的一句话就是“每个男人心中都有一个田园梦”。

项目名称：金地格林
设计公司：上海热枋（HOTHOUSE）花园设计有限公司

项目地点：中国 上海
完成时间：2010年
庭园面积：$60m^2$

业主告诉我们，他和太太的工作很忙，很少有时间花费在庭园的打理上，所以希望这个庭园建成后不需要过多的维护，简单浇浇水就可以了。

其实跟业主有类似想法的人还是很多的，大城市的生活节奏太快，工作和睡觉基本上已经占去了每天 24 小时的 70%，余下的时间就少得可怜，还需要充电学习、应酬等等。年初我们去英国考察花园，也见到许多类型的“懒人花园”，大概是因为花园的主人自己没有时间打理花园，人工费又很贵，所以大家想到了许多可以节省人工的办法。

言归正传，在这个庭园里，我们从以下几个方面做到低维护：

第一，舍弃了草坪，免去了每周都要修剪草坪的烦恼。由于上海特有的梅雨天，如果排水不畅的话，草坪就会大面积烂根枯黄，是极不美观的。我们改用砂砾地和嵌草地坪，这两种地坪都很环保，雨水可以原地下渗。

第二，在植物选择上，我们都选用了耐寒耐干旱的植物，以小型灌木和木本花卉为主，仅少量配置一二年生草本植物。木本植物生长相对缓慢而且稳定，不需要频繁做调整。

我们把这个庭园通过水系划分为三大块。
王南的一块作为客厅的对景，供人欣赏。西南
边的一块设计成岛状，作为家庭户外活动区，
三面环水，岛上有料理台、壁炉，再增加一套
沙发就可以满足业主一家在庭园里喝茶、聊天、
读书等休闲活动了。西北边独立划分出一块，
以沙地为主，等业主的女儿稍稍长大一些，就
可以在这里放置一套秋千，成为她的专享活动
区域。

自然的设计手法再现返璞归真

本案以自然的设计手法再现返璞归真、粗犷的景观环境。采用火山石作为硬装材质，这些元素所体现的肌理感突出了乡村风格的特征，细的砂石铺地与碎拼的火山石小径呈现规整的自由形态，活跃了庭园空间的氛围；庭园设计与主体建筑空间之间具有良好的对应关系，统一感强，突出了典雅的气势。经过精心种植的灌木作为建筑外墙与庭院草地之间的过渡，使不同区域的衔接变得自然而亲切。

项目名称：波特兰别墅
设计公司：北京陌上景观设计有限公司

项目地点：中国 北京
完成时间：2011 年
庭园面积：260m^2

大面积的草坪作为庭园景观要素，考虑了室内外空间之间的相互对应关系，保证了整体大气、简约的设计风格在室内外之间的衔接与过渡；空旷的庭园场地设计考虑了场地空间中建筑与庭园的视线关系，采用高低搭配的植物丰富了空间的立体层次，使得建筑在不同的角度都有丰富的背景作为映衬。

在庭园不同区域的边界处理上体现了设计者对材质细节处理的娴熟技艺，不同尺度的铺砖材料搭配变化多样，衔接与过渡自然而柔和，造型层次富于变化。

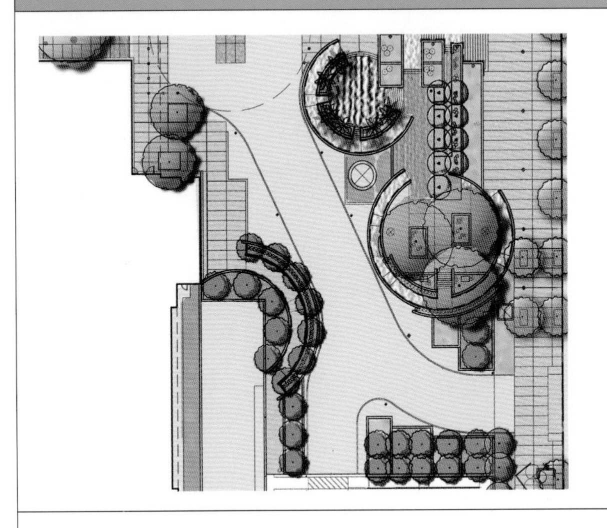

景观的造型元素与视觉构图有机结合，营造出生动感

本案在总体规划中充分结合庭园空间尺度，对庭园空间的不同装饰元素进行了合理的搭配和组合，将入口及路径的形式做了简单的调整，使庭园看上去规整、有序。

庭园内的视觉设计统一而富于变化，打破了狭小空间容易形成的压抑感。通过对庭园细节的精心处理，园内的造型层次变化丰富，总体形象小巧而别致，空间不大却别有洞天。

项目名称：龙湾
设计公司：北京陌上景观设计有限公司

项目地点：中国 北京
完成时间：2011 年
庭园面积：150㎡

生动感是这个庭园给人的最大感受，这源自于设计师对空间节奏的规划和把握。设计师运用开、合、收、放的景观空间处理手法打造庭园空间节奏的主线，将庭园入口区的路径变成折线的形式，结合地面铺装的形式变化丰富视觉层次，引导人的视线进入下一个空间范畴。在庭园四周的界面种植竹子及相对高大的树木，形成了绿意葱葱的效果。庭园中心布置了日式的水景造型，采用整体石材雕琢而成，粗犷而自然，驻留于庭园之中可闻汩汩突泉之音。这些手法共同营造出清新宜人的空间氛围。

本案设计的经典之处在于利用庭园的有限空间创造出丰富的变化，营造出精致宜人的庭园生活氛围；通过合理的空间规划将景观的造型元素与视觉构图有机结合，空间展现出的玲珑、精致的细节，给人以意外惊喜。

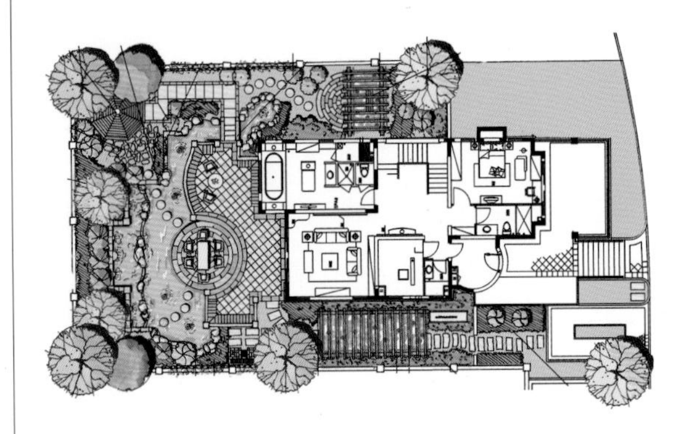

山石让景观更显自然，意境更显悠远

庭园空间以南庭园的小景观（植被、景墙、水景）以及东西两处功能空间组成。三处空间相互独立，又因园路相接互为对景关系。

项目名称：珠江一千栋别墅
设计公司：英国宝佳丰（BJF）建筑景观规划设计公司

项目地点：中国 北京
完成时间：2011 年
庭园面积：450㎡

穿过庭园东侧的园径进入南园，迎面而来的是清脆的流水声。一处景墙倚水而建，景墙上刻画着精致的浮雕。水景四周石质驳岸，兼具乔冠木和花草。石雕散布四周，整个空间景观层层环绕，尽现景观设计细致精妙之处。

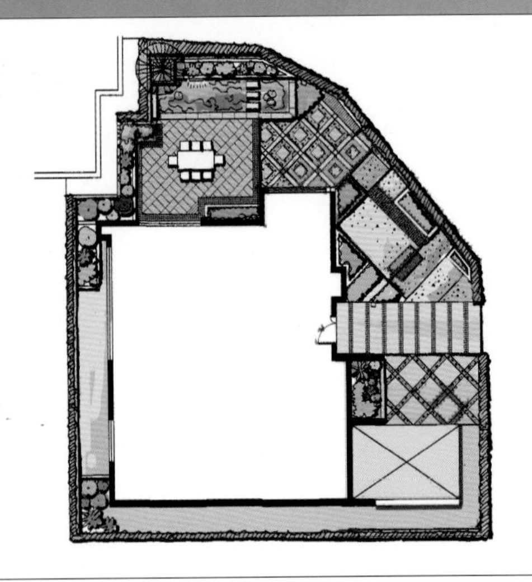

明亮的色彩是庭园的主旋律

这个庭园位于上海虹桥地区，是一个不规则的地形。

业主购买这处房产是用于投资并且出租的，因为主要是面向古北虹桥这一区域的外籍高级企业管理人员招租，所以对室内装饰和庭园设计的要求都比较高。

项目名称：新律花园
设计公司：上海热枋（HOTHOUSE）花园设计有限公司

项目地点：中国 上海
完成时间：2011 年
庭园面积：$200m^2$

业主偏爱极简风格，希望庭园看上去清爽
净，不需要太多的植物，易于打理；另外外籍
庭一般儿童较多，要预留充足的活动空间给孩
们。

或许是因为地段的尊贵，虽然是独栋社区，
是房子密度还是相当高的，户与户之间几乎是
挨着的。尤其让业主顾虑的是，邻居家出入口
门刚好正对着她家的客厅，这样一来即使坐在
里，也有一种时时被“监控”的感觉。于是我
将客厅玻璃门出去的那一段绿篱改成了景墙。
先计划做流水景墙，后来大家都感到流水景墙
些落入俗套，便做成了现在这种用蓝紫色和粉
色两色玻璃间隔组成的彩色景墙。

说到颜色，目前我们国内的庭园里，似乎不太运用到鲜亮的颜色，通常用到的都是白色、米黄色、灰色等等，这些颜色属于百搭型，在哪里运用
固然都不会错，但同时也失去了特色与个性。这里运用蓝紫色与粉红色，其实是为了在冬天或者花期断档的时候，庭园里还有一些鲜亮的颜色。因
为空间有限，水池的面积就不得不压到最小，考虑到儿童在院子里戏耍的安全，水池的深度也控制在 40 厘米以内。沿水池的长条花坛里种满了百子
莲，宽厚挺拔的叶片本身就非常优美，等到花儿开放，一个个毛茸茸粉蓝粉紫的球儿跟背景墙相呼应，一定非常好看。

侧庭园主要是供孩子们活动的地方，可以摆放蹦床、滑梯等等。

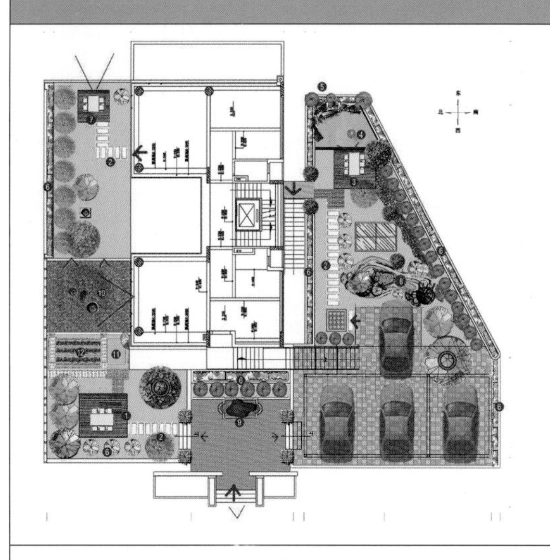

假山层叠，或悬或挑，或险或奇，再现古典山水

庭园一角，布置假山、跌水、平台，一处超大尺度的假山跌水，让平台置身于水上，使建筑仿佛置身于公园一角。水中几尾金鱼更是为庭园增添了生气。

项目名称：广州颐和高尔夫庄园
设计公司：广州·德山德水·景观设计有限公司
广州·森境园林·景观工程有限公司

项目地点：中国 广州
完成时间：2010 年
庭园面积：811m²

假山山形优美，层层叠叠，或悬或挑，或险或奇，再现一处古典山水。平台挑出，置于水上，绿水环抱，假山环绕，山水风光无限美好。

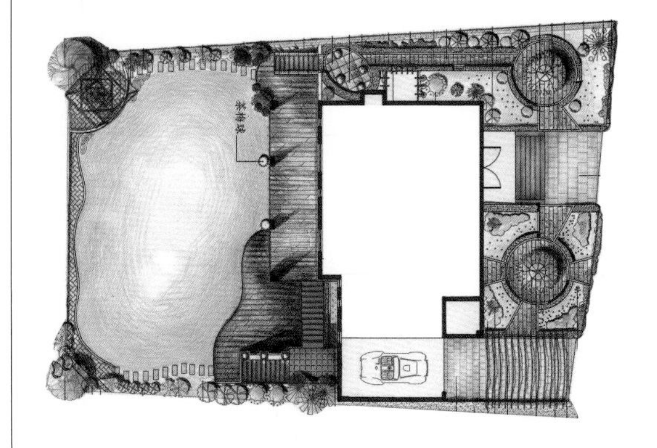

砖石小路，亲水平台，增加了大块草坪的变化与乐趣

我们的任务是把庭园景观打造成现代、简洁的风格，使其能够更好地与出色的室内装修相协调，同时能够更加实用。庭园的功能空间规划有休息区、凉棚，以及由户外厨房、吧台所构成的正式户外用餐区。户外厨房具备很多现代化的功能，房主经常会举办一些聚会，户外厨房得到了充分的利用。

项目名称：云间绿大地别墅花园
设计公司：上海淘景园艺设计有限公司

项目地点：中国 上海
完成时间：2011 年
庭园面积：$50m^2$

一连串的台阶和平台从房屋向下、向远处延伸。这些区域恰好位于从房屋向远处倾斜的自然坡度上，空间也少了几分建筑的束缚，多了几分自然的气息。精心设计的台面和木板路形成了穿过天然草地通往庭园外的通道。南庭园采用了短叶的加强型草坪，适合于各种恶劣天气，而且草坪可以一直保持常绿、整洁。

大草坪提供了开阔的庭园空间。环形的小径将廊架与水景花卉观赏区等联系在一起；小径与草坪为主人提供了不同的体验空间和观赏空间。驻足草坪之上环顾四周，满目的郁郁葱葱与繁花似锦。在不同的花季，宿根的花草与常绿的灌木、乔木形成了丰富的景观层次空间。廊架上攀爬了两种植物，一种是凌霄花，一种是玫瑰。人们在廊架下富有变化的色彩空间中穿行，纷繁的美景令人陶醉。

庭园的景观设计细节变化丰富，主要体现在装饰材质的细节变化上，如铺装采用红砖作为主要的材料，但砌筑的细节比较考究；草坪上的汀步采用方形的砖，雕凿的细节充满自然质感。

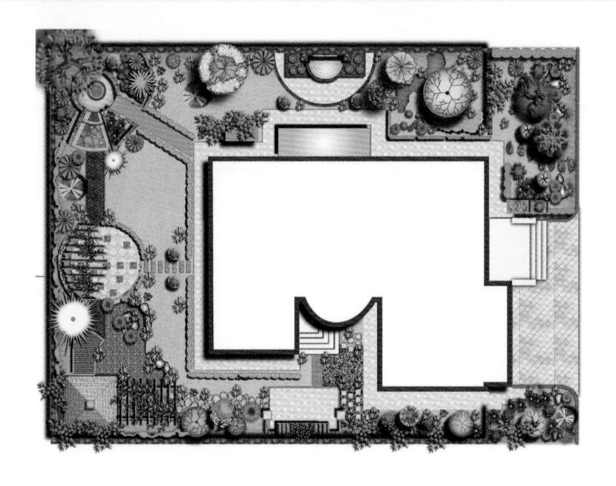

在感性奔放的设计风格中不失理性

本案是一个独栋别墅的庭园，场地环绕建筑四周，南北的空间相对宽敞，东西两侧是狭长的空间。庭园在设计师的精心规划下，展示出收放自如的空间形象，其功能空间的尺度设计也亲切怡人，呈现出温馨而自然的空间氛围。

项目名称：翠湖花园
设计公司：北京率土环艺科技有限公司

项目地点：中国 北京
完成时间：2008 年
庭园面积：418㎡

庭园由四部分构成，重点是南北庭园。北庭园内集合了业主所需的功能性空间，南庭园是入户区，东西两侧的庭园以观赏及装饰为主题。庭园的总体设计充分体现了严谨的逻辑关系，在庭园的设计中突出了两个明显的轴线关系，一个是南北的轴线关系，一个是东西的轴线关系；这些轴线关系采用对景的手法，将室外景观与室内空间的视线统一起来。

本案的设计是一个集合理性与感性的作品，在空间布局上采用了严谨的逻辑关系作为设计的主线，在庭园的材质处理及造型上运用自然的手法加以装饰，突出营造自由、轻松的氛围。大量天然的材质与草本植物的搭配呈现了美式乡村风格。

用天然的文化石作为花池及矮墙的装饰，突出了乡村风格的特征；地面整洁的石材及防腐木地板的铺装与文化石砌筑的矮墙，形成了面与点的对比效果；用卵石铺装的地面粗犷而大气，不同区域的围合界面之间的过渡自然而轻松，与庭园的总体风格统一而协调。

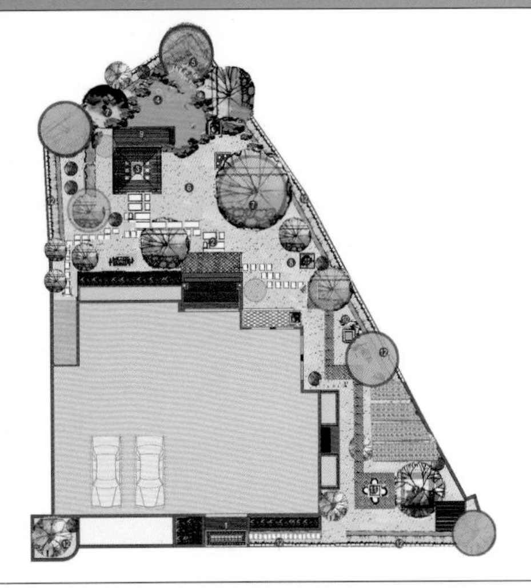

休闲与观赏俱佳的私家庭园

庭园入口处，大面积的花纹铺装以及拾级而上的欧式台阶，彰显着别墅的富贵、大气。建筑本身有多处可从不同角度鸟瞰全园的露台、平台空间，故在庭园的景观处理上需要充分地照顾从高处而来的观景视线。

项目名称：广州市新光别墅花园
设计公司：广州·德山德水·景观设计有限公司
广州·森境园林·景观工程有限公司
设计师：吴涛

项目地点：中国 广州
完成时间：2010 年
庭园面积：254m²

大面积平整的草坪能满足主人举办一些
型酒会的需求，草坪旁一处宽阔的水面及其
水而过的小桥，是整个庭园景观的点睛之笔。

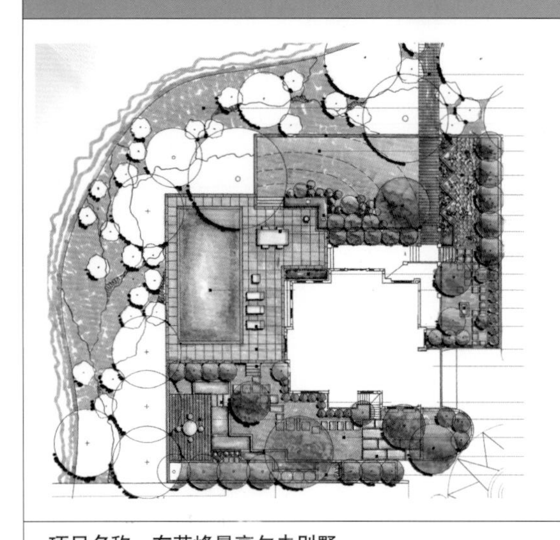

品尝“野趣”风格设计

业主期望庭园既是休闲空间与水疗空间，还是适合朋友聚会的场所。所以在规划场地时设置了休闲与水疗区以及大片的草坪，满足业主对庭园功能的需求。

项目名称：东莞峰景高尔夫别墅
设计公司：广州·德山德水·景观设计有限公司
广州·森境园林·景观工程有限公司

项目地点：中国 广州
完成时间：2011 年
庭园面积：300m²

在庭园的一个角落设计了净水池，水池与挡墙一侧演变成跌瀑，增加了空间的动感；在庭园中设计了自然形状的水池，可以映照出天空的变化，成为庭园中灵动的风景，将整个庭园装点得更加绚丽、生动。通过挡墙限定场地的边界，以减少场地受周边环境的干扰；由当地石头砌筑的样式使得庭园及住宅与大自然融为一体。

业主希望尝试一种“野趣”的设计风格。本案设计涵盖了一系列的理念，自然、休闲、大胆、不拘一格，烘托出了项目独特的气质。庭园植物浓密，郁郁葱葱，充分表达了设计师对“野趣”这一主题的阐释。在高差丰富的场地内，设计师富有创意地打造了一系列相互连接的花园造景。一面蓝灰色的景墙巧妙地将车行与庭园的空间分隔，景墙一直延伸到别墅的前方，环抱建筑。入口处的台阶由大块的玄武岩铺设而成。后庭园入户前设有一个木平台，是住户休憩和餐饮的惬意空间，四周绿意盎然。设计师精心挑选了适宜场地气候的植物，巧妙处理了场地内的高差变化，打造了一处流畅、完整的庭园环境。

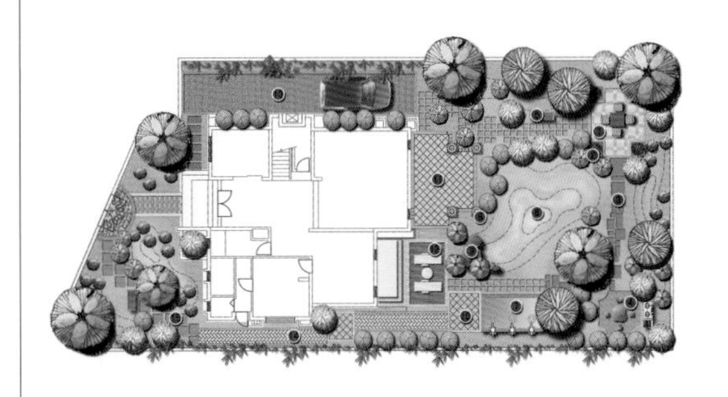

层次丰富，动静分离，景观空间相互融会贯通

多层的私家庭园，因为高差的原因，总是会有更多的景观层次和更多的景观视角。简洁怀旧的建筑与风格简练干净的庭园景观相得益彰。

项目名称：欧香别墅 01
设计公司：上海闽景行园林绿化工程有限公司
设计师：陆富长

项目地点：中国 上海
完成时间：2011 年
庭园面积：300m²

常见的造景元素与材质，在处理手法上搭
配较为独特的分割和组合，带来明快的视觉效
果。褐色的木质小品、红色的混凝土砖，体现
着庭园与建筑风格的协调之美。

水景为庭园带来灵动与水声

庭园主人是热爱生活的人，希望庭园多一份绚烂，多一份清凉；想要足够的户外生活空间，当然也要美丽的景观；希望在保证私密性的前提下，可以拥有宽敞的活动空间。

项目名称：上海万科朗润园
设计公司：上海香善佰良景观工程有限公司

项目地点：中国 上海
完成时间：2011 年
庭园面积：50m²

设计师为满足庭园主人的需求，对这个小庭园做了如下设计：

增加空间私密性：去掉原种植的桂花，用防腐木围栏围合庭园区域，高度为 1.5 米，保证庭园足够的私密性，同时木围栏上方 20 厘米处采用网设计，又保证了视线的通透性。

营造休憩空间：设计一个可供休憩的木平台，作为室内空间的延伸。木平台大小 20 平方米，虽然占去了一半的庭园空间，但是与植物充分结合，强了庭园的整体性。

为庭园增加灵性：水景往往能为庭园景观带来灵动感，也让庭园有了声音。设计师考虑庭园的整体面积，把竖向空间也利用起来。为庭园做了则的水池，有潺潺的流水从水景墙面上流出。池底以及池壁用蓝色贴面，水景墙用锈板不规则拼贴，与业主选择的石材很好地融合。池边用中国大理石拼贴，与乱板和鹅卵石结合，整个水景为庭园增加了灵性。

充分利用庭园角落造景：落地窗与木围栏间的距离有 1 米左右，角落三面围合，设计师在这里创造一个小型的日式水景，让植物和白砂石以及步结合，水景周围用植物群落布置，使庭园丰富了许多。

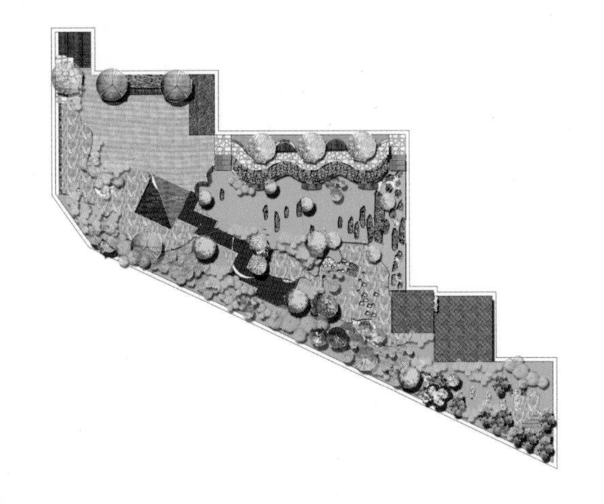

精致的假山造型，清脆的流水声，庭园显得生机勃勃

香醍漫步——多种风格的混搭给予它丰富的表象；热情强悍而又淳朴随性的精神内涵，接近狂妄，却又实实在在的简单，让人快乐！喜欢禅意却有托斯卡纳建筑风格的家，让人有种对午后惬意阳光的依恋；这里是乡村的，简朴的，更是优雅的，禅意的。

项目名称：香醍漫步
设计公司：北京率土环艺科技有限公司
设计师：张枫

项目地点：中国 北京
完成时间：2009 年
庭园面积：450m^2

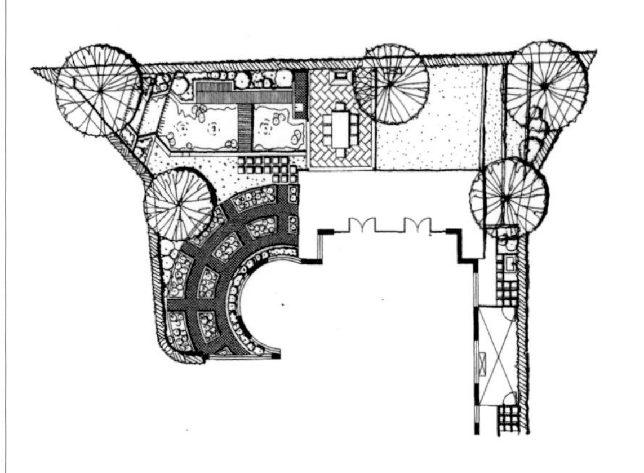

视觉设计统一而富于变化，打破了狭窄空间的压抑感

这是一个狭长的庭园，宽只有 6.5 米，长近 20 米。独特的场地条件给了我们一个相当大的挑战，如何化解这种狭长的令人感到不适的格局成为了本案设计的重点。

项目名称：张家港怡佳苑
设计公司：上海热枋（HOTHOUSE）花园设计有限公司

项目地点：中国 张家港
完成时间：2011 年
庭园面积：130㎡

我们反复研究场地，这无非就是一个比例的问题，如果我们在空间视觉上加以阻隔，将场地划分为三段，问题不就迎刃而解了吗？我们规划了户外厨房和餐厅以及与之对应的观景水池。把功能区布置在庭园的中间靠东的方位。

功能区东侧是观景小池，西侧是草坪，这样整个庭园形成了一个 3:2:5 的比例，功能区和水池占了一半，草坪占一半，这样整个场地比例就显得合理了。

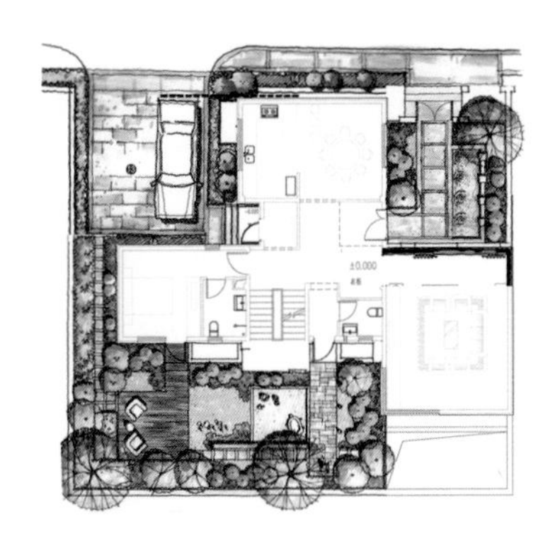

叠山与竹林相衬，叠石与水潭相接，构成了一幅美丽的山水画

这个案例的设计充分结合了建筑设计的特点，将庭园围墙与建筑外墙作为空间设计的围合界面，根据不同空间的尺度设计景观的形式，突出简洁明快的特征。

项目名称：白香果 28
设计公司：京品庭院 － 南京沁驿园景观设计
设计师：蔡志兵

项目地点：中国 南京
完成时间：2010 年
庭园面积：405m^2

庭园造景手法采用中国传统文人山水画的构图方式，在临近室内主要空间的部位设计了叠山的造景，山石的构图完全采用了传统绘画的风韵，体现了灵气、秀美的特点，叠山的旁边运用竹林作为陪衬，叠石与水潭相接，构成了一幅美丽的山水画。白色围墙作为背景，衬托出景观的小巧及秀美。

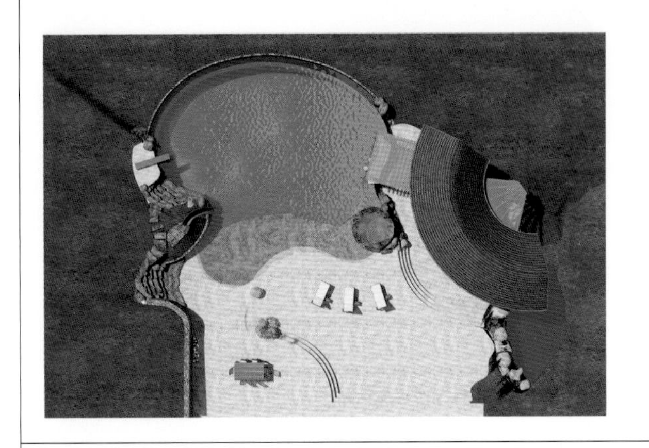

泳池与蓝天呼应，形成水天一色的景象

在这样一个场地巨大的私家庭园里，每个不同的功能区都有足够的面积来展开，而且方案的规划并没有因为场地的巨大而显得单调空旷，庭园内许多经典的细部设计让庭园整体看上去大气，而细节又给人亲切的感受。

项目名称：滕帕特的别墅
设计公司：非液体的水艺术
设计师：Joan Roca

项目地点 ：哥斯达黎加 圣克鲁斯
完成时间 ：2009 年
庭园面积 ：1250m^2

驻足在建筑与泳池之间，放眼望去，泳池与蓝
形成了一个整体，产生了大池致远的幻觉；置身
泳池内，会拥有水天一色的感觉。

户外泳池运用了自然造景法，泳池的驳岸是由
然形成的龟石筑成；泳池旁设置了露天淋浴区，
一精心的规划为此景观元素增添了生活的细节；
草树木环绕在周围，如此融入自然的设计为主人
造了完全放松的生活与休闲环境。

在粗犷自然的田园风情与典雅的中式园林间寻找平衡点

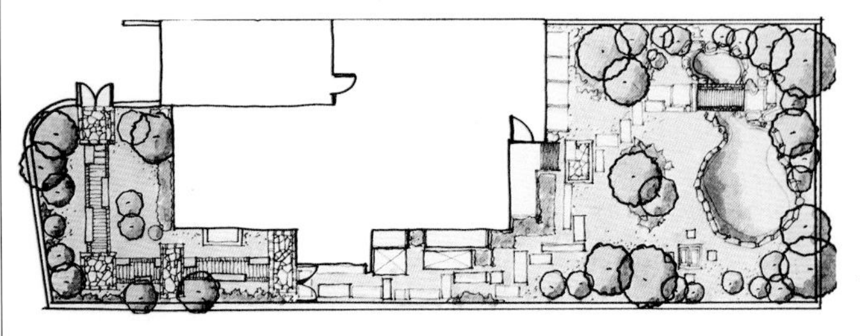

纯粹的花园式空间，以草坪代替铺装材料，让整个庭园显得更加的完整一体。没有使用过多的硬质材料，设计师仅用不同的绿篱或树木围合出不同的空间和小径。

项目名称：云栖蝶谷
设计公司：杭州奥雅建筑景观设计有限公司

项目地点：中国 杭州
完成时间：2010 年
庭园面积：800m²

密密的绿篱中跳出的红色木质
门，透露着些许异域风情。

一组古朴的石质水槽好似怀念着那已远去的纯真年代

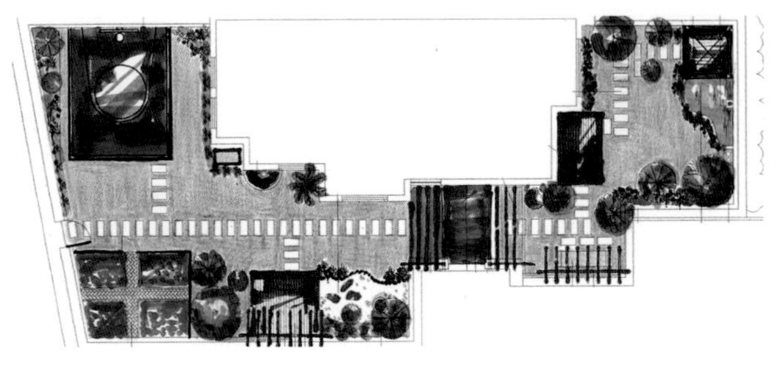

样式简单的两处平台分别被设置于庭园的一角及建筑出口处，不大的空间中，功能最终决定了庭园的大致布局。一组古朴的石质水槽好似怀念着那已远去的纯真年代，并为景观节点提气不少。

项目名称：复地朗香
设计公司：京品庭院 － 南京沁驿园景观设计
设计师：蔡志兵

项目地点：中国 南京
完成时间：2010 年
庭园面积：100m²

汀步小径尽头的水景雕塑，中间原木圆柱围合的卵石场地，起点
的木质平台，一个个小巧的景观节点细致地点缀着狭长的通行空间。

63-1

用红色陶罐盛满花草，营造出轻松自由的氛围

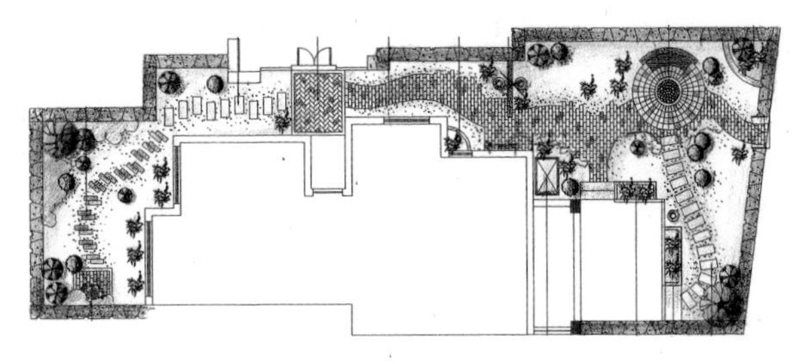

本案是一个独栋别墅的庭园景观，庭园的基地形状类似“U”形显狭长。在设计上结合地形特点，采用自由式的造型布局，设置了两个功能区：一个可供户外用餐的功能区，一个可以打理园艺的休闲互动区。

项目名称：南京市复地朗香别墅
设计公司：京品庭院－南京沁驿园景观设计

项目地点：中国 南京
完成时间：2011 年
庭园面积：110m²

庭园采用简约的设计手法，再现了带有美式乡村庭园风格的景观环境，营造了轻松、温馨的空间形象。

户外活动区与建筑的室内空间相连，用防腐木制成的室外平台与室内地面采用同一种标高，这种设计手法将室内空间延展至室外，形成了室内外空间之间的相互交融。平台周边采用木质围栏围合，保证安全性。平台边的树篱高大，很好地屏蔽了外界的视线，为这里提供了很好的私密性。

在两个景观区之间，铺装红砖汀步，在色彩上形成统一感。休闲互动区的地面采用石材铺地，通过圆形的放射状铺装造型来给空间增添动感。大面积使用的红砖材质在庭园空间中增强了整体感，突出了设计风格。用红色陶罐盛满木本花草装点庭园，营造出轻松自由的空间氛围。

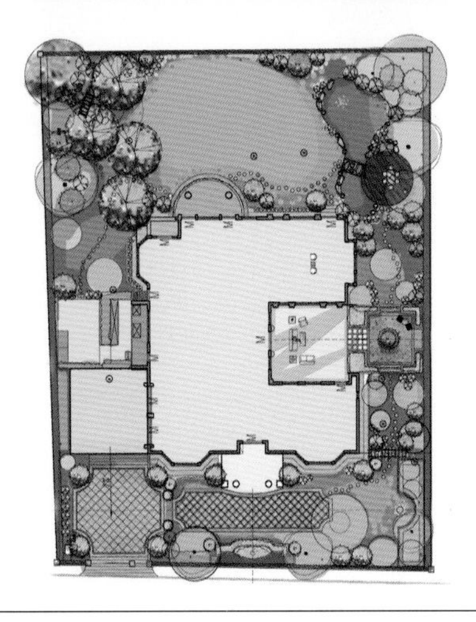

庭园设计语言充分借鉴了中式园林的神情气韵

在一些地形复杂的别墅中，庭园往往会以错层的形式出现。即正门处庭园会和首层相接，后庭园和地下一层相接。在这种庭园中，大空间的营造往往会让景观更有层次感和趣味性，但在小空间的营造中，和地下一层相接的后庭园往往会给人闭合压抑的感觉。

项目名称：海欣花园
设计公司：上海闽景行园林绿化工程有限公司
设计师：陆富长

项目地点 ：中国 上海
完成时间 ：2011 年
庭园面积 ：320m^2

在本案中，通过一个跌水景观打破了后庭园闭合压抑的感受，不失为计师独特的处理手法。小小水景亦有观水、听水、跨水，将一处窄小的间应用得淋漓尽致。上层的通行空间，下层的休憩空间，上下层空间互彼此景观，让景观富有层次之余又不失活泼、生动。

以植物的色彩、造型突出庭园空间浪漫、亲切的主题

这是一个面临湖岸的独栋别墅庭园，平面是一个扇形，建筑面向水岸展开并形成一定的夹角，立面造型的样式突出了新古典主义建筑风格特征；庭园的风格定位协调了建筑样式与周边环境的关系，突出庭园景观与建筑空间、基地内大环境的连接作用，使得庭园成为总体环境的一个部分。

项目名称：湖景壹号别墅
设计公司：广州·德山德水·景观设计有限公司
广州·森境园林·景观工程有限公司

项目地点：中国 东莞
完成时间：2010 年
庭园面积：815m²

庭园的空间组织特点突出，运用轴线作为设计的主线，连接室内空间与庭园空间之间的关系，这种设计手法突出了古典主义的风格特征；在空间的规划设计中融入了东方园林的造型形式，活跃了空间的氛围，形成了规整与自由的强烈对比。

庭园平面布局充分考虑主人的行进路线与环境之间的关系，通过合理的规划避免了建筑平面转角空间形成局促感，并促成庭园中移步换景的视觉效果。

本案的特点还在于运用轴线所形成的空间效果并非是对称的形式，而是通过对视线及参观动线的组织形成了丰富的变化，自由的组合形式与中式的造景及建筑基地的周边环境融为一体。

庭园分成两大部分，一是面向湖区的生活及观赏、休闲庭园，一是入户区庭园景观部分。入户区景观考虑到停车的功能，以硬质铺装为主，在面向建筑主入口的部分设计了水景墙，以阻挡户外道路对庭园的干扰，其设计手法简洁大气，与建筑的设计风格相协调。在后庭园设置了大型的水景空间，一部分观赏的水景空间内放养了锦鲤，体现了主人的高雅情趣；水池的驳岸采用天然的石头造景，令水池的造型自然而清新。这些别致的景观组织与室内空间的关系被安置于一条轴线之上，内外环境融会贯通并起到借景的作用。

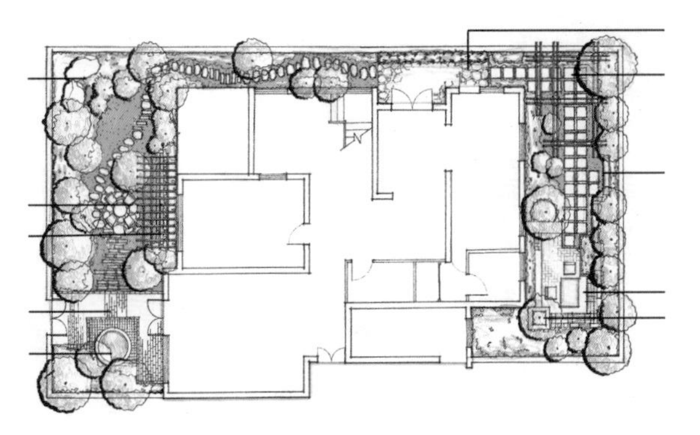

在节点上放置雕塑，增加庭园的艺术感

纳帕溪谷别墅园区中的景观以茂密的植物为主要景观营造方式，沿路与别墅入口相接的部分都以层层植物环绕。庭园中以外围的茂密植物作为景观背景，在园中营造的是适合使用的大尺度的廊架、精致小巧的水景、特殊处理的地下入口，使庭园拥有更强的使用性和舒适性，让主人的室外生活更加丰富。

项目名称：纳帕溪谷
设计公司：世纪绿景园林设计有限公司

项目地点：中国 北京
完成时间：2011 年
庭园面积：380㎡

在细节处，于水景中加入一处陶罐，既结合了功能，又让小巧的水景有了一个视觉中心，使水景免除了平淡。大尺度廊架强调了功能性，让廊架下的阴凉给予主人更多的空间选择。

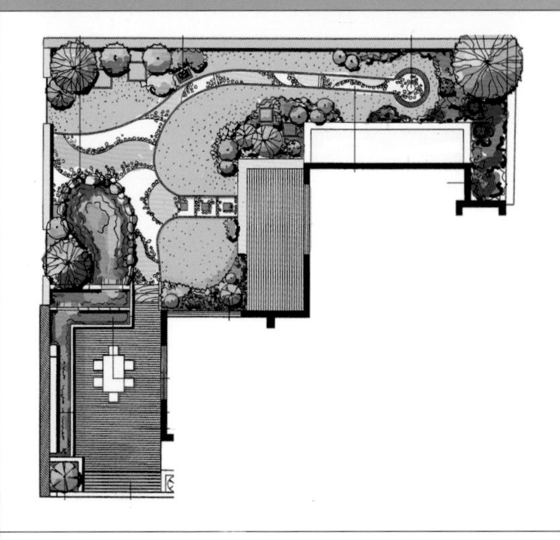

瀑布幕墙，三层跌水，演奏生活交响曲

本案的特点是在餐厅的外沿有个与地面形成 60 厘米高差的露台。而与邻家相接的围墙高约 3 米，上面有顶棚把主体建筑和围墙连接了起来。这是一个在雨天也可以利用的空间，是一个得天独厚的户外就餐区域。

项目名称：万科蓝山
设计公司：上海热枋（HOTHOUSE）花园设计有限公司
项目地点 ：中国 上海
完成时间 ：2008 年
庭园面积 ：200m²

绿地和露台之间存在60厘米的高差，我们设计了一个三层跌水——
王绿地和露台之间再加一个水池，水从幕墙顶部沿着幕墙流到第一层水
也，第一层水池满了就会溢到加设的第二层水池，第二层水池溢满再落
入绿地里的自然式池塘里。

露台一侧 3 米高的墙体，虽然保证了就餐区的私密性，但缘于其体量较大且靠近就餐区，会给人压抑感，最终将这堵墙体做成流水墙，厚重的墙体因为流水的反光得到了适当的虚化，同时清脆的流水声让就餐区周边的环境显得更加雅致幽静。

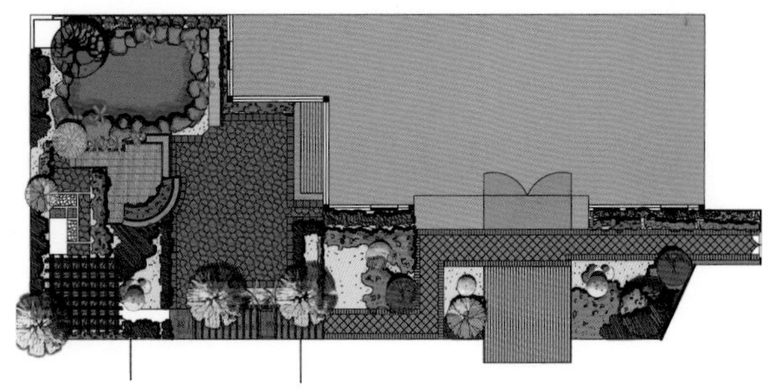

赏石作为庭园中的一处主景，起到了风水石的作用

本案设计以植物配置为主，主要植物品种有北海道黄杨、碧桃、美人梅、地被植物，主景树有白玉兰。

项目名称：阳光水韵
设计公司：北京澜溪润景景观设计有限公司

项目地点 ：中国 北京
完成时间 ：2009 年
庭园面积 ：240m²

庭园通道是从前庭走廊通过花园一直延伸到后庭，在通道东侧花园观赏区，植物层次突出，四季有花，四季分明，尤其是植物边缘线与草坪交界明显。庭园赏石位于庭园中庭观赏区的植物丛中，赏石为木化石，作为庭园中的一处主景，在庭园中也起到风水石的作用。

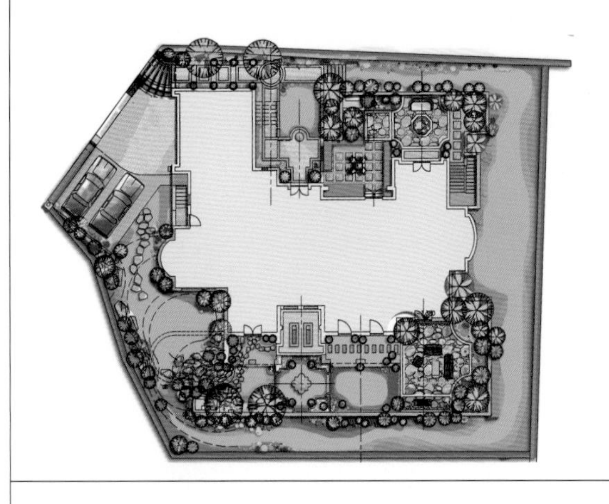

集自然、观赏、体验于一身的庭园，富有生活情调

南庭园靠河改造的亲水平台，以鹅卵石、青石铺地面，突出清爽自然的乡野情趣；摆放在这里的休闲坐椅表面由石头纹理构成，这些材质与地面的铺装材质相映成趣。

项目名称：百家湖
设计公司：京品庭院 － 南京沁驿园景观设计

项目地点：中国 南京
完成时间：2009 年
庭园面积：600m²

南庭园靠北侧设计成大草坪，场地的周边用树木和植物作为该区域间的围合景观元素，在视线上起到了遮挡的作用。大草坪北侧采用整铺装的路径一直延展到北庭园的尽头，两个区域之间用木制的小门作出入空间的过渡元素，给人以亲和感。北庭园内设置的小型菜园，可家人亲身体验田园乐趣；在此设置的晾晒区，满足了居家日常的使用能。

因地制宜，流动的小溪给庭园带来了生气

小庭园的营造，确实用不着复杂的布局，也不需要高大的构筑景观。本案的设计，重点在建筑入口处打造一处水景观，荷花池、小溪、木板桥，在这方小小的院子中营造出"小桥、流水、人家"的意境。一条小径连接庭园前后，庭园在功能上也满足了使用者的需求。

项目名称：七宝别墅
设计公司：上海闽景行园林绿化工程有限公司
设计师：陆富长
项目地点：中国 上海
完成时间：2010 年
庭园面积：150m^2

散置在景石旁边的一处古朴的水缸，周围的层层植物，木栅栏下的枯山石景观，木平台边的栅栏处理，给这处简单的庭园带来了更多的生气。点景虽小，胜在精致。

植物花坛变身为庭园的怡人小景

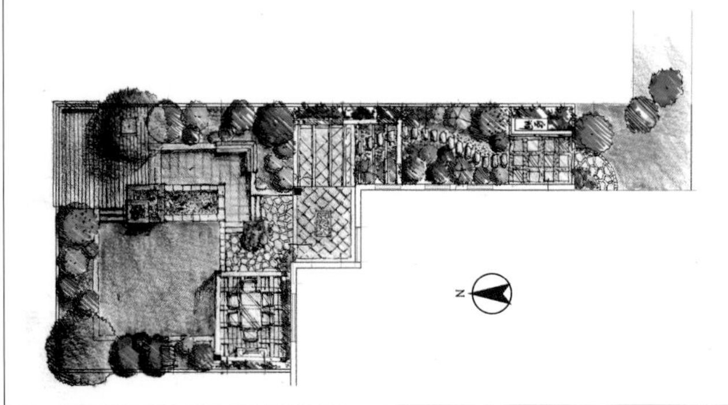

本案在总体规划中充分结合庭园空间尺度，对生活空间的功能进行了合理化改造，将不同的功能空间集中设置，使得庭园看上去更加规整、有序。

项目名称：润泽庄园
设计公司：宽地景观设计有限公司

项目地点 ：中国 北京
完成时间 ：2010 年
庭园面积 ：170m^2

庭园内的视觉设计统一而富于变化，打破了狭窄空形成的压抑感。庭园丰富的细节设计与庭园造型之间搭配统一而协调，突出了设计的整体感。

园中小径改造后用黄木纹石材质镶嵌表面，而庭园的围栏则采用木质的菱形装饰网片，木网片上点缀的绿植活跃了这里的氛围。依附此处的墙体设计了一个水景，兼作庭园用水的取水点，观赏与功能巧妙地整合。紧邻客厅的庭园空间被改造成休闲聚会的平台，并可方便地从客厅出入；庭园的另一端设计成植物花坛，变身为庭园的怡人小景，突出怡然自得的闲适气氛。

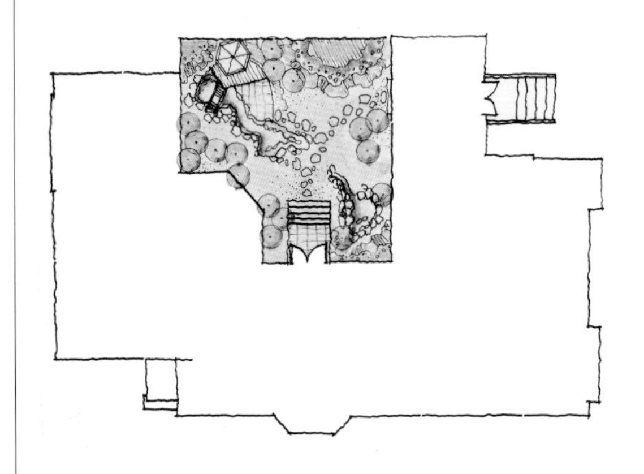

顺着草坡造景，与自然亲近

本案的设计给人的感觉总有那么几分的随意。材料的应用给人更多的是惊喜和意外，将原木嵌于砂砾上成为园路；白色的陶罐看似无心地随意置放于池边，陶罐里爬出一两株绿意盎然的植物；三两种植、一组景石，景观亦序列有致，庭园中处处营造着清新、恬淡的景观意境。

项目名称：欧香别墅 02
设计公司：上海闽景行园林绿化工程有限公司

项目地点 ：中国 上海
完成时间 ：2011 年
庭园面积 ：120㎡

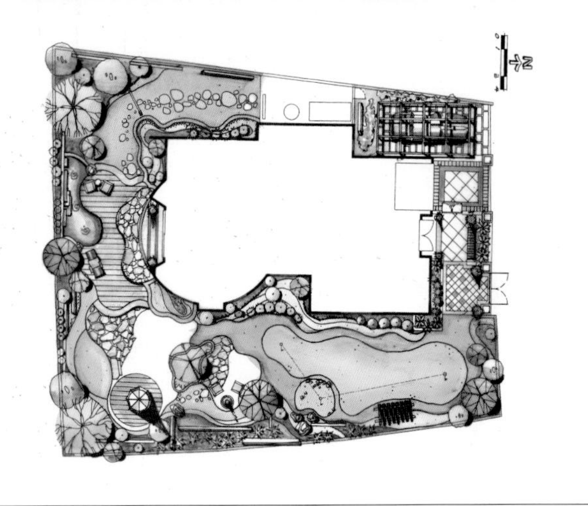

观水、听水、跨水，一处窄小的水景成为诺大庭园的点睛之笔

此处的庭园空间划分明确，在严谨规整的格局中，通过曲线形式的木平台活跃庭园的气氛。直线赋予其理性，曲线赋予其浪漫，通过直线与曲线的刻意搭配，将严整的格局打破，庭园处处充满理性与感性碰撞出的火花。

项目名称：上海西郊花园别墅
设计公司：上海唯美景观设计工程有限公司
设计师：朱黎清

项目地点 ：中国 上海
完成时间 ：2009 年
庭园面积 ：380m^2

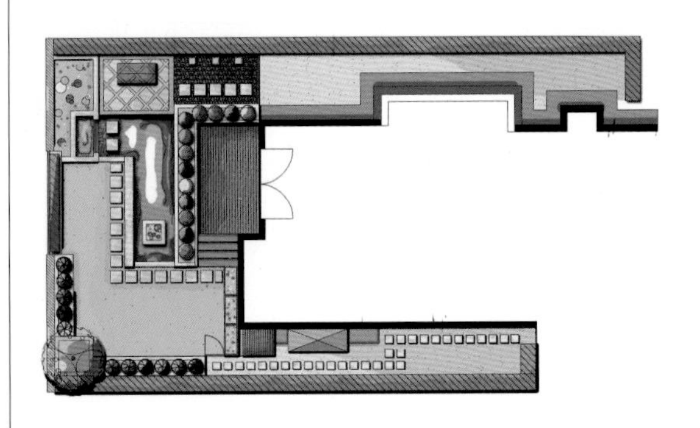

错落的植物造景，增加了景观层次

业主是位美籍华人，投资界人士，常年往返于纽约、上海、香港之间。佘山三号地处佘山脚下，自然风光秀丽，空气清新，不像闹市区那么嘈杂。于是业主把这里作为他在上海的家。

项目名称： 佘山三号
设计公司： 上海热枋（HOTHOUSE）花园设计有限公司

项目地点： 中国 上海
完成时间： 2011 年
庭园面积： 120m²

这是幢建筑面积 400 多平方米的独立住宅，庭园 100 平方米，这个面积配比对于一般家庭来说有点偏小，但业主却再合适不过了。因为业主平时在上海的时间并不，庭园完全交由园丁去打理，庭园面积越大，养护成本相应越高。“我希望庭园作为我们家庭或者与朋友们举办会的附属空间，大家在庭园里随便走走、坐坐、聊聊天 OK 了……”喜欢干净利落的业主一句话就讲明了他的图。

我们紧扣业主的要求，提供了现在这个方案：将出口处的平台扩大，足以放下一张八人桌，其次设置了一个双层跌水池，跌水与平台方向一致，构成休息区的主要景观面；由于平台与地面存在一个 1.2 米的高差，稍显压抑，我们通过平台边抬升的花坛以及沿水设置的长条坐凳，增加了一个中间层次，将高差有效化解。

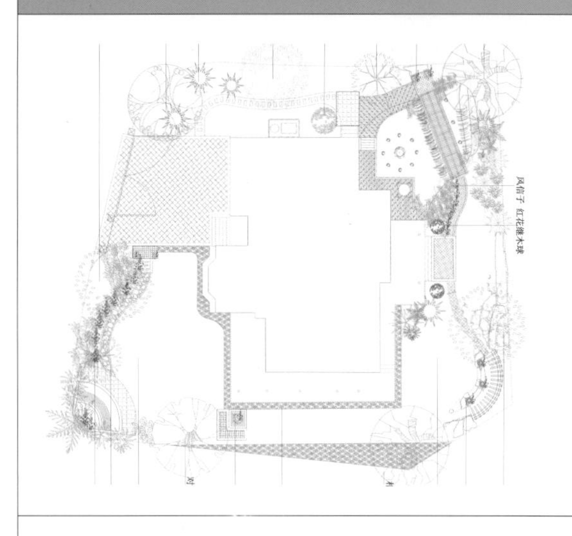

小桥跨水而过，平台亲水而歇

本庭园坐落于天下别墅区。庭园东、北向是邻居别墅，西、南是入户的园区道路。基地西高东低，高差 0.8 米左右。该庭园设计由四部分组成：入口小平台，草地活动区，后庭园休闲区，水景区。

项目名称：天下别墅
设计公司：武汉春秋园林景观设计工程有限公司

项目地点：中国 武汉
完成时间：2011 年
庭园面积：745m²

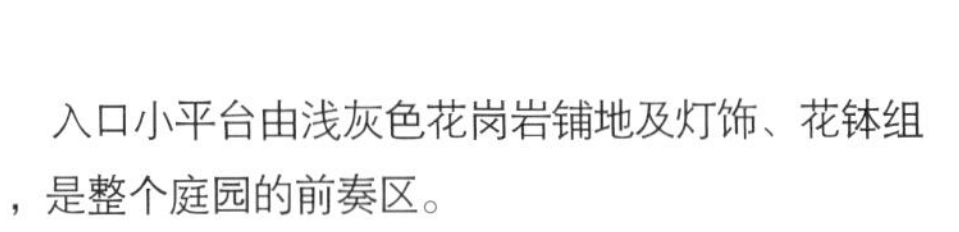

入口小平台由浅灰色花岗岩铺地及灯饰、花钵组，是整个庭园的前奏区。

草地活动区主要由大片草地和草坪灯组成，是整庭园中最阳光温馨的地方。

后庭园休闲区是庭园里最静的地方，带有坐凳的式花架是休闲、静心的理想场所，绿篱和乔木很好阻隔了园外的视线，创造了私密空间。

水景区域包括西北角的组合水景和东南角小型的跌水。组合水景包括了木栈道、跌水、拱桥，是庭园景观的重点所在；小型的跌水也丰富了庭园的景观内容。这两处分别运用喷泉和涌泉来构造循环往复的水景体系。

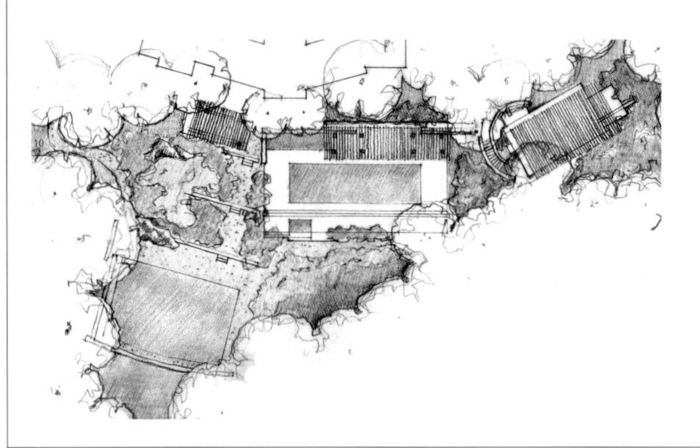

紫色美女樱与金黄色砂砾构成的意外之喜

业主莎拉是“热枋花园”的植物配置师，她的那座英国乡村风格花园曾经引得无数花园爱好者前来参观，各大园艺杂志媒体竞相报道，这让莎拉自豪了好一阵子。

项目名称：同润加州
设计公司：上海热枋（HOTHOUSE）花园设计有限公司
设计师：张向明

项目地点：中国 上海
完成时间：2011 年
庭园面积：$60m^2$

但是时过境迁，过了一段时间莎拉改变了主意。为什么？打理这样的一座花园实在太费时费力了，虽然才 60 平方米，却不得不每天消耗至少一个小时，浇水，修剪，割草，驱虫，稍一懈怠，它立马还你“颜色”。而委托莎拉做花园设计的客户越来越多，工作越来越忙，莎拉很愁。

“如果我把草坪去掉，会不会大量减少工作量呢？”有一天她坐在花园里盯着脚下这片绿油油的草坪想着。

“去掉草坪虽然有些不舍，但是至少不用浇水了，也不用修剪，更不用担心草坪变黄、生虫、蚯蚓钻出的洞眼等等问题。”

“为何不尝试使用砂砾或者吸水性较好的火山岩颗粒呢？”

说干就干，不出三天的时间，花园立马彻底变了个样。绿色的植物有了金黄色的砂砾打底，色彩互相映衬，跟以前是完全不同的感觉！尤其是紫色的美女樱，与金黄色的砂砾刚好构成一对互补色，这是个意料之外的惊喜！

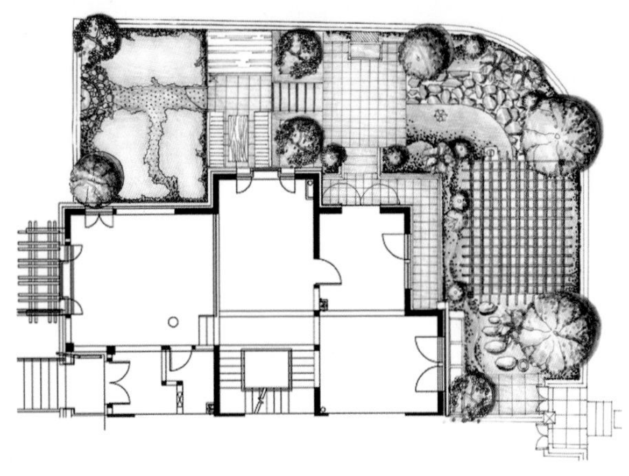

使用风格独特的小品形成雕塑般的景观

竹，在中国传统文化中是精神、气节的象征。本案中几片小小竹林，即可使景观提气增色不少。竹林掩映一方红色的木制廊架，使耀眼的红色廊架成为庭园里的视觉中心，同时也是功能中心。

项目名称：万科 霞光道别墅
设计公司：一树阳光景观设计工作室

项目地点：中国 天津
完成时间：2010 年
庭园面积：110㎡

在小径的两侧，各式各样、层次分明的植物搭配风情独特的园林小品，营造出静谧轻松的氛围。细节的精细处理是该设计最为让人称道的地方，论是颜色雅致却不压抑的植物配景，大胆跳跃的主景用色，还是简洁干净的竹篱、草坪灯、玻璃种植池等园林小品，都体现着设计师在处理细部不落俗套的良苦用心。

设计师善于使用风格独特的小品形成雕塑般的景观。片石垒砌的低墙配合原木圆柱，旁置修剪出盆景造型的叶子花，新颖独特；玻璃方格的种植搭配一两株热带植物，与其背后的砖墙形成强烈的材质对比，处处充满了生活气息又不乏情趣。

本书供稿单位：

四季园林设计有限公司

四季园林设计有限公司（FOUR SEASONS GARDEN DESIGN LLC.）是一家年轻的企业，它将新颖的观念注入了景观和园林设计行业，将艺术和实践性与景观设计结合在一起，为期待装饰自己新的室外生活空间的人带来快乐和享受。
本公司会雇用承包商来完成项目，会为您采购材料和植物，并为您提供使您的花园和草坪保持美观的所有服务，除非您希望在景观项目结束以后自己对其进行维护。

上海热枋（HOTHOUSE）花园设计有限公司

上海热枋（HOTHOUSE）花园设计有限公司是意大利美谛设计在花园设计工程业务的分支机构。公司设计团队是由总部派出的多名意大利资深设计师与十余名中国本土优秀设计师组成的，这支多元化的团队组织，在花园设计上充满活力与创意，能适应不同地区、不同类型的项目需求。目前，公司已在上海出色完成大量花园工程项目，得到众多房地产发展商及私家别墅业主的高度认可。

贺 庆
植物配置设计师

从业五年，曾远赴园艺之都爱尔兰专攻园艺学。在花园植物搭配和应用方面，她拥有很高的天分，多年海外留学生活以及丰富的执业经验让她在工作中游刃有余。针对上海地区独特的气候及地理特征，她建立起一套适宜上海地区私家花园种植的的植物库，确保她所设计的花园里四季繁花似锦。

上海淘景园艺设计有限公司

上海淘景园艺设计有限公司成立于 2003 年，由数位资深的行业先行者组建，经过多年的积累，已成为行业良性发展的推动者。他们以“为客户营造生态、和谐的居家、办公与休闲环境”为目标，积极与客户分享园艺生活的乐趣以提升都市人的园艺素养，建立员工良性的事业观，积极参与对城市可绿化空间的挖掘和改造，对提高城市绿化量、降低城市热岛效应、缓解大气污染做出一份贡献。

董宝刚
设计总监

从业八年，善于领悟客户的显性需求、挖掘客户的隐性要求，对花园的设计追求完美，对花园的施工几近苛求，对客户的服务极尽所能。

北京率土环艺科技有限公司

北京率土环艺科技有限公司是一家极富创新性的景观设计专业机构，是著名的别墅庭院设计及营造企业，提出了一个全新的理念——“无房”的设计理念。
作为人居环境的美化设计与诗意的环境营造企业，从事开发、设计、研究工作，并销售最可靠的、艺术的、诗意的、健康的、生态的、可持续发展的环境景观产品，提供优质专业的设计、施工、养护服务，帮助客户和合作伙伴取得健康诗意的生活品质。他们的成功源自于不懈地帮助人们体验健康惬意、哲思智达的环境空间，提升生活品质，实现“诗意的栖居”。

大风

北京率土环艺科技有限公司“无房”庭园工作室总设计师，毕业于清华大学美术学院环境艺术设计系，从事设计 12 年。设计师观点：“无房”，身边有房，而心中无房，打造个性诗意的室外景观，忘却房的存在，从而使人们回归自然，实现健康诗意的栖居。“无房”——禅意。

成都绿之艺园林景观工程有限公司

成都绿之艺园林景观工程有限公司是一家集城市景观、园林绿化、私家庭院设计施工为一体的专业绿化企业，始建于 2003 年，具有国家城市园林绿化企业三级资质。经过公司全体员工多年的努力，以及他们对空中花园、露台、雕塑、室内景观设计的独到见解，公司已成功设计施工了数百项大型园林设计项目及私家花园项目，成功地在老客户心目中留下了良好的印象。公司在不断完成工程设计项目、积累业绩的同时，采用了“一流的管理、一流的设计、一流的施工和一流的售后”的现代企业管理理念与制度，汇集了大批业务精英。目前，公司拥有一支以业内著名设计师、资深项目工程师为核心，以专业设计施工人员为骨干的队伍，具有全方位的设计理念和优质的施工质量以及全面的售后服务。公司信誉赢得了新老客户的一致好评与信任。

查尔斯安德森景观建筑公司

查尔斯安德森景观建筑公司于 1994 年创立。在过去十多年中，公司曾荣获 9 项由美国景观建筑师协会（ASLA）及其华盛顿分部（WASLA）所颁发的设计卓越奖，以及全美国家设计奖。
本公司拥有热忱的设计师，致力于创造优雅、精致、独特且清晰易懂、为基地量身打造的空间，同时保留适合基地的开放空间。我们经常与国际知名建筑公司和艺术家合作并完成各种类型的大规模、多学科的设计项目。设计项目包括位于西雅图市中心海岸的西雅图艺术博物馆之奥林匹克雕塑公园；位于纽约中央公园的自然历史博物馆之阿瑟罗斯观星屋顶花园等等。
本公司致力于艺术、生态，以及景观形式的探索，对各个等级的设计与建造，从基地分析、总体规划到设计开发、施工文件、投标和现场施工勘察过程均有丰富的经验；在景观建筑艺术和实践方面，提供创新、高效和高度个性化的专业服务。并相信，精细的设计和综合的规划将会创造出成功的项目，不仅可以实现投资回报，同时也可以创造出提升生活质量的空间。

查尔斯・安德森
主管

美国景观建筑师协会荣誉会员（FASLA）
2009 年至今，亚利桑那州立大学副教授
1985 年，美国麻省剑桥城哈佛大学风景园林硕士
美国下列地区的注册景观建筑师：阿拉斯加、亚利桑那、加利福尼亚、内华达、俄勒冈、华盛顿
查尔斯・安德森是一名已获得许可证的景观建筑师，具有 20 多年的项目设计经验，并在公共项目方面有广泛的阅历，钟爱博物馆和文化机构项目，已完成圣海伦斯火山游客中心、西雅图艺术博物馆之奥林匹克雕塑公园以及安克雷奇历史和艺术博物馆扩建工程，并完成了许多社区项目。

广州・德山德水・景观设计有限公司
广州・森境园林・景观工程有限公司

广州・德山德水・景观设计有限公司于 2004 年成立于广州，是一家集庭院设计、施工、产品、植物、养护、咨询服务为一体的景观公司，专业从事私家庭院的设计、营造工作，致力于创造、研究高品质的生活和生态环境，为客户提供优质服务。公司拥有一个优秀的设计团队，会根据客户的个性、爱好与需要，对庭院进行合理的安排、设计。同时，拥有一支精湛的施工队伍，用高效优质的施工保证设计意图的最大实现。业务范围包括：居住区环境景观规划及设计，景观改造或环境整治，城市公共空间及城市绿地规划，环保产业咨询，生态环境评估（EIA）。
广州・森境园林・景观工程有限公司以打造“私家庭院设计、施工全程化的景观服务”为理念，专业承接高端住宅私家花园、别墅花园、私家庭院、屋顶花园、商务景观的设计和施工项目。
几年来，我们以完善的设计，热情的服务，细致的施工，完成了百余家私家庭院的设计与建造，项目遍布广州、深圳、东莞、江门等城市的五十几个别墅区及住宅小区……我们将秉承实践与研究并重的经营方向，坚持“现代、生态、自然、和谐”的环境设计理念，以丰富的经验和先进的规范管理为客户提供系统、深入和完善的国际化专业服务。

吴涛
景观设计师
别墅园境设计总监

享受生活，享受工作，享受大自然，享受多元化空间营造，享受被认同的喜悦……
在实践中成长、壮大，在成功中开拓、前进……
从事景观行业近 8 年，先后主持过近百个园林景观设计项目，多次获得奖项，其中包括：“首届羊城青年设计师大赛金奖”、“第十一届广州园林博览会特别大奖”等等。主要代表项目有：广州大学城广东外语外贸学院华南植物园第一村暨地带性植被园、广州南沙大角山滨公园、广州从化温泉地区重要景观工程设计，广州涌景观综合整治工程等市政项目；广州碧桂园、广州野山庄、广州南沙奥园、广西奥园、广州锦绣香江、州奥林匹克花园等地产项目。

北京陌上景观设计有限公司

北京陌上景观设计有限公司从 2004 年开始致力于高端别墅庭院设计营造、并已经扩展到城市居住区、风景区商业空间、城市广场、主题公园等景观规划设计、别墅环境配套施工及改造等。
“陌上景观”，用设计，让庭院的品质与众不同。

高浩

北京陌上景观设计有限公司首席设计师，关注中式、式风格庭院的设计和传播，关注植物和庭院景观的层次及色彩设计。主要作品：波特兰花园、龙湖香醍漫步、江西安福私人庄园、世爵源墅、涿州东京都高尔夫别墅天津时代奥城、湾流墅等。

上海闽景行园林绿化工程有限公司

上海闽景行园林绿化工程有限公司是一家专业从事园林绿化工程设计、施工、养护、花卉租摆、花卉生产及售的综合性企业，由一批多年来从事园林专业的优秀景观设计师、工程技术员、施工员和植物养护人员组成实力雄厚的设计施工队伍，并拥有完善的施工机械设备本公司以文化创意、理念创新为推动力，为客户提供计精良、施工规范、养护到位的绿化服务。

陆富长

工作认真、热忱，责任心强，创新意识好，合作精神佳本着集思广益、不断进取为原则，为未来创造更多的富而不懈奋斗。个人性格特点：自信、乐观、诚恳、稳重

上海香善佰良景观工程有限公司

上海香善佰良景观工程有限公司专注于庭院的设计和造，屋顶花园、阳台花园的设计及改造。本公司拥有 267 公顷的苗木供应基地，并有来自景观行业的专业计团队和花园营造团队，热衷于为客户打造完美的私花园，至今已为众多客户成功达成风格迥异的私家花梦想。本公司首创了庭院设计施工零环节衔接，38 星级服务标准，18 道庭院施工监管规范，以及 156 细节要求，对设计水平、工程质量的严苛要求将贯穿个设计施工环节。本公司用心诠释庭院的不同意境，入挖掘庭院文化的精髓，并勇于传承和发扬东方庭院化。“香善佰良”倡导“让花园成为您家庭的新成员”花园不只是置于屋外的花花草草，更是众多灵动生命集合。

韩易凡
庭院设计师

擅长的设计风格：日式庭院、新中式庭院、现代风格院、东南亚风格庭院。
设计作品：上海佘山高尔夫郡、西郊美林馆、凯欣豪园等
设计感言：东方造园理念的精髓是将人的感悟放入庭中，与西方纯粹赏花庭院相比，东方庭院更富有灵魂感情。将东西方造园理念相结合，充分发挥东方庭院美。

京品庭院 - 南京沁驿园景观设计

京品庭院——南京沁驿园景观设计是一家极富创新性景观设计营造机构，致力于别墅庭院设计建造、屋顶园设计建造、高端商业景观设计、花园养护、木艺产销售等业务。

蔡志兵

毕业于南京艺术学院景观设计系，曾供职于英国 CVG 国际设计集团，参与设计了数十个大中型公共园林景观项目，积累了丰厚的园林实践经验。于 2006 年和友人创立京品庭院设计营造机构，专注于高端别墅庭院景观的设计与施工营造，在南京及长三角地区，为众多成功人士设计营造了上百个高品质的庭院景观。设计营造理念：庭院景观，源于自然而高于自然。以人为本，因地制宜是设计的核心；而好看与好用两者结合，是庭院营造的法则。

杭州奥雅建筑景观设计有限公司

杭州奥雅建筑景观设计有限公司是中西方文化和景观建筑设计的一座桥梁。在中国大陆，利用自身对澳洲建筑景观理论及实践的认识，为国内设计领域带来了新的冲击和活力。澳洲合作公司澳大利亚 BBC 建筑景观工程设计公司创立于 1978 年，于 2001 年正式进入中国大陆市场，将上海的公司作为国内的总部，并于 2003 年在杭州成立华东地区代表处。国内合作设计机构为杭州的景观及建筑设计先锋——中国美术学院风景建筑设计研究院，目前以景区规划、居住区景观及公共空间、建筑设计为主。

世纪绿景园林设计有限公司

世纪绿景园林设计有限公司，主要从事园林绿化、庭院设计、私家花园设计、假山凉亭设计、后期养护管理、办公场所租摆等。公司拥有敬岗爱业、勇于探索、经验丰富的设计团队，可以根据客户的个性、爱好和需要对庭院进行合理的设计、布置，为客户营造高品位、高档次的庭院生活环境。同时公司建立了高效、迅速的工作流程与创新机制，为客户提供全方位、高品质的园林景观规划设计服务。公司以弘扬中华优秀造园技艺和为客户营造赏心悦目的生活空间为发展宗旨，以讲求质量、恪守合同为经营原则，以“团结敬业、开拓奉献、质量第一、服务至上”为企业精神。

北京澜溪润景景观设计有限公司

北京澜溪润景景观设计有限公司是一家极富创新性的景观设计专业机构，是著名的别墅庭院设计及营造专家，倡导“生活全绿色”的设计理念。作为人居环境的美化设计与诗意的环境营造企业，从事开发、设计、研究并销售最可靠的、艺术的、诗意的、健康的、生态的、可持续发展的环境景观产品，帮助客户和合作伙伴取得健康诗意的生活品质，实现“诗意的栖居”。

磊永

首席设计师
国家级高级设计师、国家级高级建筑师

地景观设计有限公司

地景观设计有限公司是专业从事庭院景观设计和施工企业，从 2006 年至今主要从事别墅花园的设计与施工。本公司从设计到施工到植物后期养护，采取一条龙服务理念，拥有了一批专业的设计与施工团队。在广大客户和业内同仁的信赖和支持下，业务正在获得迅速发展和扩大。本公司以“以人为本”的理念，把艺术融入生活，把艺术融入自然，致力打造自然、舒适、优美人居环境。设计师始终坚持“完美的设计，必能完美实现”的原则，为客户提供专业细致的服务，追求精益求精，让每一处的设计在精雕细凿中得到完美的艺术体现，让广大业主放心。

楠

景观设计师。从事私家花园设计 5 年，无论是中式庭院的写意，欧式庭院的华贵，意大利托斯卡纳风格庭院的典雅，还是日式庭院的禅意山水，均融入自身的理解，表达不一样的个性设计。

上海唯美景观设计工程有限公司

上海唯美景观设计工程有限公司正式成立于 2002 年，是一家专注于景观规划设计及高尔夫球场建设的专业公司，具有风景园林规划设计乙级资质及工程施工三级资质，向客户提供概念设计、施工图设计、现场施工指导的全过程服务。2008 年初公司通过了 ISO9001：2000 质量管理体系认证。
本公司秉承精品、生态、人文、经济的企业理念。自然是生活之本，园林的诗意生活是对自然的充分解读。“唯美景观”将生活融于自然之中，顺势而生，因势而造，顺着海纳百川的大度气概，和天人合一的思想，让生活与自然完美融合，建立户外交流之道与和谐的生活场所。
本公司业务涉及居住区景观规划设计、公共绿地景观设计、城市设计、高尔夫球场设计与建造等，已完成一百多项在中国各地有一定影响力和声誉的景观项目。其设计特色是：既显示海纳百川的大气与胸怀，也显示小资情调的精致与细腻；概念上能结合城市设计的需要，着重实施的可行性。

朱黎青

首席设计师，高级工程师
同济大学景观规划设计专业硕士，英国爱德姆学院学成归国的高尔夫规划设计师，创作有多个优秀的获奖项目，工作 17 年。

武汉春秋园林景观设计工程有限公司

武汉春秋园林景观设计工程有限公司是一家专门从事别墅庭院、屋顶花园、小区绿化、道路绿化设计、施工，以及苗圃经营的专业公司。公司技术力量雄厚，拥有一批专职从事环境艺术规划、景观园林设计和景观工程施工的精英，他们具有敏锐的艺术触觉、独到的设计思维、扎实的专业素质、严谨的工作态度，能够及时抓住时尚流行元素，把中国风水说同现代景观科学有机结合，完成众多既满足现代人生活习惯，又符合传统风水、地理学说的优秀园林景观作品。

向定华

园林景观设计师、园林工程师
座右铭：追求完美，打造精品

一树阳光景观设计工作室

一树阳光景观设计工作室是一家集设计、施工、管养为一体的专业庭院公司，以专业化的设计，成熟的工艺标准，贴心的服务，为客户圆庭院梦想。

非液体的水艺术

非液体的水艺术由水池设计大师琼・罗卡创立，成立于 2004 年。业务范围涉及设计、建造住宅水池、商用水池、水疗池和水景。“水艺术”并非一成不变、墨守成规，每年只承接有限的项目，使每个项目都能得到琼・罗卡的全力关注。
“水艺术”所采用的工作方式相当与众不同，那就是并不急于与客户签合同，而是要找出客户在项目中真正需要什么，以及怎样设计才能使其与环境、原有的建筑及客户的预算最完美地结合在一起。这样做虽然会花费一些额外的时间，但是可以保证最终完成的作品让客户满意。
在这些年，“水艺术”有幸获得了很多国际设计奖项，其作品也在很多出版社出版。“水艺术”是哥斯达黎加“Genesis 3”设计团队的唯一白金会员，同样也是水景造型设计师学会的唯一哥斯达黎加会员。

琼・罗卡

琼・罗卡是“水艺术”的核心和灵魂。他对美的热爱造就了他不凡的创作，使他走向成功。在从业的 35 年里，他在哥斯达黎加以及周边国家建造了一千多个游泳池和水景造型。
琼・罗卡于 1975 年开始从事水池业，1988 年被“国家游泳池基金会”认定为国际讲师；1982 年加入“国家水疗池和游泳池协会”（现更名为水疗池和游泳池专业协会，或 APSP）；2003 年左右开始转变设计理念，集中研究高端项目的设计和建造。他成立了自己的公司，突出展示了他对时尚的并注重细节的作品的热爱。在这些年里，琼・罗卡的作品获得了世界的认可，并获得了多个奖项。
琼・罗卡说：“我设计水池只有一个目的：以独一无二的方式展示出户主的个性。”

策划：吉典文化

主编：李 壮

编委：李 壮 张文媛 陆 露 何海珍 刘 婕 夏 雪
王 娟 黄 丽 程艳平 高丽媚 汪三红 肖 聪
张雨来 陈书争 韩培培 付珊珊 高囡囡 杨微微
姚栋良 张 雷 傅春元 邹艳明 武 斌 陈 阳
张晓萌 魏明悦 佟 月 金 金 李琳琳 高寒丽
赵乃萍 裴明明 李 跃 金 楠 陈 婧

设计：王伟光

组稿：肖 娟

摄影：吉典文化

图书在版编目（CIP）数据

别墅庭园意趣. 1/ 北京吉典博图文化传播有限公司编. —福州：福建科学技术出版社，2013.1
ISBN 978-7-5335-4164-4

Ⅰ. ①别… Ⅱ. ①北… Ⅲ. ①别墅 – 庭院 – 园林设计 – 中国 – 图集 Ⅳ. ① TU986.2–64

中国版本图书馆 CIP 数据核字（2012）第 259659 号

书　　名　别墅庭园意趣 1
编　　者　北京吉典博图文化传播有限公司
出版发行　海峡出版发行集团
　　　　　　福建科学技术出版社
社　　址　福州市东水路 76 号（邮编 350001）
网　　址　www.fjstp.com
经　　销　福建新华发行（集团）有限责任公司
印　　刷　福建彩色印刷有限公司
开　　本　889 毫米 ×1194 毫米　1/16
印　　张　11
图　　文　176 码
版　　次　2013 年 1 月第 1 版
印　　次　2013 年 1 月第 1 次印刷
书　　号　ISBN 978-7-5335-4164-4
定　　价　49.80 元